# 富足人生
## 智慧进阶的十二堂课

赵 昂 著

机械工业出版社
CHINA MACHINE PRESS

本书以富足为主题，创造性地提出了富足人生的三重螺旋模型，指出了与富足状态息息相关的三个要素：成就感、成长感和幸福感。这三种感受，来自我们的日常工作、自我突破，以及人际关系。对于富足而言，这三个要素缺一不可，互相影响又相互支撑，螺旋上升。

作者集多年培训咨询经验，整合了各领域的知识成果，提出了十二个有效好用的工具。分别从三个维度帮助读者在阅读的过程中升级认知、练习实践、知行合一。

期待读者在阅读过程中，开启自己的富足状态。

## 图书在版编目（CIP）数据

富足人生：智慧进阶的十二堂课 / 赵昂著 . —北京：机械工业出版社，2023.6（2024.4 重印）

ISBN 978-7-111-73168-9

Ⅰ. ①富… Ⅱ. ①赵… Ⅲ. ①人生哲学－通俗读物 Ⅳ. ① B821-49

中国国家版本馆 CIP 数据核字（2023）第 082766 号

机械工业出版社（北京市百万庄大街 22 号　邮政编码 100037）
策划编辑：张潇杰　　　　　　　责任编辑：张潇杰
责任校对：张爱妮　王明欣　　　责任印制：单爱军
北京联兴盛业印刷股份有限公司印刷
2024 年 4 月第 1 版第 2 次印刷
145mm×210mm・7.875 印张・4 插页・141 千字
标准书号：ISBN 978-7-111-73168-9
定价：59.80 元

电话服务　　　　　　　　　网络服务
客服电话：010-88361066　　机 工 官 网：www.cmpbook.com
　　　　　010-88379833　　机 工 官 博：weibo.com/cmp1952
　　　　　010-68326294　　金　书　网：www.golden-book.com
封底无防伪标均为盗版　　　机工教育服务网：www.cmpedu.com

每个人本应该是出色的小说家，通过行之有效的训练让自己活得富足。本书像极为亲近的导师一样，事无巨细、包罗万象地讲述了一个人应该通过怎样的叙事成为一个杰出的小说家。

——侯小强　金影科技董事长、《靠谱》作者

富足是一种状态，一种身心自由的状态。富足的人生不在于拥有什么，而在于成为更加自由的自己。借由这本书，帮你成为富足的人。

——青音　家庭治疗学派知名心理专家、心理畅销书作家

作为推荐人，我想对读者朋友们说三句话：1. 赵昂老师是我多年的好朋友，每次跟他见面，我都受益匪浅；2. 赵昂老师在我的圈子里口碑非常好，是大家公认的职业生涯发展领域殿堂级人物；3. 赵昂老师写的《富足人生》，是一本极具参考价值的人生智慧书，值得我们一读再读。

——剽悍一只猫　个人品牌顾问、《一年顶十年》作者

如果你跟我一样不爱读鸡汤,更偏爱通过读有科学方法论的书,帮助自己对工作、生活和学习进行阶段性的梳理和认知升级,那么赵昂老师的每一本著作都不容错过。《富足人生》一书中,作者亲自研发的"目标抓钩""优势漏斗""能量翻板"等12个工具非常实用,无论是对个人的自我成长还是团队的组织发展,本人亲测,成效显著。开始你的阅读吧,立即开启富足人生模式!

——洪小加　一碑科技副总

不管是公司人才培养项目中的储备干部,抑或新生代力量和职场老人,我总能看到很多人的积极上进,同时大家在探索自己的路上也免不了会产生各种困惑。

赵昂老师的《富足人生》从"成就感、成长感和幸福感"三大模块入手,带着我们一步步在找到目标、探索优势、找对学习方法和构建梦想等多个维度探索。书中每一章节都有清晰可操作的练习方法,通过这种"训战"结合的方式让我们一点点找到适合自己的成长方式,真正做到富足且坚定地前行。

——吕娜　精密金属弹性件"隐形冠军"企业HRM

教师的富足状态是怎样的?或许是享受和学生在一起的时光。父母的富足状态是怎样的?或许是不强求孩子实现我们的想法。工作者的富足状态是怎样的?或许是在工作中找到了退休之后仍然想要做的事情。学习者的富足状态是怎样的?或许学习的过程就是富足的。每个人都值得拥有富足的状态,从哪里寻找?从哪里开始?如何寻找?《富足人生》这本书不仅仅给出了方法,更给出了能够一步步实现富足状态的阶梯和工具,从而让每个人到达真实的富足。

——邱良　浙江省"最美教师"

读《富足人生》之前,我对富足的定义还停留在物质和精神层面。读了《富足人生》之后,定义富足的维度拓展到成长、成就和幸福。我在从首页到尾页的阅读过程中认知已悄然变化,也重新审视了自己的富足状态。更为惊喜的是,这本书送给我们一部通往富足的梯子,每一步都踏实可操作。12个工具,我已经应用在生活和工作中,希望带领身边更多的小伙伴走向富足。

——维卡　阿自倍尔仪表(大连)有限公司总务人事部部长

## 读者推荐

读了赵昂老师的新书，我看到了人生富足的样子，我迫不及待地向家人和朋友推荐。这还是一本落地的工具书，书中鲜活地呈现了富足人生的三重螺旋模型，再逐一拆解。书中 12 个可实操的小工具，教你把看似遥不可及的富足拉到现实生活中逐一实现。每一章都配有实操练习和问题解析，你可以边读书，边练习，边思考和矫正。这本书将带你创造落地的成就感、踏实的成长感、滋养的幸福感，直至感受生命绽放的富足感。

——许庆凡　河北省骨干教师、青少年生涯咨询师

书中不仅揭示了富足人生的底层逻辑：真正的富足是拥有职业上的成就感，获得突破的个人成长感和关系融洽带来的幸福感，而且还有 12 个实用工具教我们如何锚定目标、排兵布阵、整合资源、复盘成长、发挥优势、调整习惯、能量翻转、学习探索、设计人生脚本，创造闪光时刻，活出精彩人生！本书既有理论高度又有实操练习，甚至还有贴心的问题答疑，真是一本不可多得的实现富足人生的工具书。

——陈佳　工商管理硕士、高级项目管理者、家庭教育指导师

每个人对富足都有着不同的定义，通过阅读赵昂老师的《富足人生》一书，成就感、成长感、幸福感构成的富足人生的三重螺旋模型，让我开始重新定义富足，重新定义我那富足人生之路

的风景和终点。书里 12 个工具的课后练习，不仅让我们每个人带着觉察扎实地迈出走向富足的每一步，也可以很好地成为企业管理者辅导下属成长的工具，我在富足人生的路上等着你，你值得拥有富足的人生。

——曹琦　中广核新能源新疆分公司培训经理

什么是富足？有的人说是有足够的金钱，有的人说是精神的富有，还有的人说是物质和精神兼而有之。但到底什么是富足，似乎都说得不够明晰和透彻。在这本书中，赵昂老师用富足人生的三重螺旋模型阐释了"富足"的丰富内涵：因工作而获得的成就感，因自我突破而获得的成长感和因为关系融洽滋养而带来的幸福感。揭示了"富足"发展的内在本质：三者相互影响、相互推动，呈螺旋式上升和扩展的动态发展的过程，最后落脚于创造梦想人生。

在富足人生三个维度的探索中，本书提供了 12 个好用的工具，将抽象的概念具体化。编写体例上采用理论学习与实践应用相结合的模式，每一章对应一个工具，具体包括对工具的认知、工具的使用策略、工具的练习、常见问题解析等几个部分，犹如导师临场指导，易于读者学习和应用。本书既可以自学自用，也可以作为生涯咨询和生涯发展培训的重要参考用书。

——任国荣　河北师范大学教授、硕士导师，河北智慧智库专家

## 读者推荐

愿这本书能带你开启富足人生的新征程,让你活出丰盈的自己,活成自己的那束光。如果你和我一样是正处于焦虑和迷茫的大学生,书中的12个原创工具会让你越来越有成就感,越来越幸福,越来越自信,生命也越有意义!

感恩遇见昂sir新作,在我陷入自我否定和自我怀疑时,给了我不断前进的方向和力量,让我更勇敢、更自信、更坚定!

——刘美池　教育学硕士、新晋高中英语教师、视觉学习力指导师、图解达人

本书对"富足"理念进行了创新性的解释,并通过十二个落地、实用、亲测有效的工具,助力我们实现富足人生。对于所有职场人,尤其是处于探索期的大学生及职场新人来说,简直价值无限!

这套极具可操作性的自我探索及梳理过程,以人为本,以结果为导向,促使行动,拿到结果,填补了现有大学生生涯规划课程的空白。我已在教学中开始实践。

——郑丽娜　唐山幼儿师范高等专科学校

因为阅读《富足人生》,升级了对富足的认知,并在日常工作生活实践中,应用《富足人生》里的工具,我变得越来越富足。"英雄不论出处",任何人,只要你足够想要,并付诸行动,

都有机会赢得富足人生。当然,若有机缘,你也像我一样,成为《富足人生》的读者,那么你将收获与我同样的幸运,从此真正开启富足的人生状态。

——辛玲　青少年生涯咨询师、十五年一线民办教育培训从业者

富足是一种生活的状态,你我皆想拥有,那请开启《富足人生》的探寻之旅吧!本书是昂sir倾注了十多年心血的生涯教育研究成果,借12种工具的形式呈现出来,方便大家理解实践。文中的字字句句,如同与老师面对面的交流,他尽其所能支持着你迈向富足人生。本书饱含着老师的殷切期望,让更多人受益,希望梦想之路有更多同行者!

——黄宣洁　重庆市财政局二级调研员

这是一本实践之书,用12个工具手把手地传授富足人生心法;这是一本鲜活之书,边读边笑,笑中带泪;这是一本神奇之书,在这本书中看到过去、现在和未来。

富足,是成就感,是成长感,是幸福感!

强烈推荐给大学生和职场新人,在这本书里你能看清自己的目标,探寻自己的梦想。这本书可以助你拨开自己过去的种种,带领你走向未来,拥有高能量的富足人生状态。

——曹琳婧　千人大学生社群主理人

# 序

这是一本探讨如何活出富足状态的工具书。

作为一名生涯助人者,不管是做培训还是做咨询,我每天都会接触到形形色色的求助者。在这些求助者带来的"问题"中,有关于职业如何发展的困扰,也有关于如何追寻清晰自我的疑惑;有如何寻找未来方向的迷茫,也有如何定位下一步计划的焦虑;有寻求如何平衡人际关系的苦恼,也有如何处理亲子关系的麻烦。在这些"问题"的背后,我分明感受到一个强烈的诉求:如何才能更从容?如何才能更笃定?如何才能更富足?

富足,在我看来,不在于你现在是谁,不在于你拥有了什么,而是你活出了什么状态。

有不少风华正茂的职场人来上我的课,他们拥有大好年华,眼睛里闪着亮光,面容上写着迫切,对未来充满了无限的期待和希望。他们有时间、有精力,想要找到路径,获得发展。他们肯努力,愿奋斗,想要连接人脉,寻找机会。他们观念新,点子多,善学习,想要确定方向,获得成功。**对他们来说,成功,就**

是富足。

有很多成年人，虽然告别学校多年，但在繁忙的工作和生活之余，仍然保持学习的习惯，阅读、上课、考证书、参加社群活动。像我们盎舍学院的一些学员，他们当中，有年逾退休、两鬓斑白的大哥大姐；也有刚入职场、朝气蓬勃的小哥哥小姐姐；有既忙工作又忙家庭，或者全职带娃同时关注内在成长的宝妈；也有既是职场中坚，又关注持续发展的管理者。对于他们来说，成长，就是富足。

还有不少来预约做咨询的来询者，开头或许讲的是职业发展，问的或许是未来方向，但是一旦咨询展开，他们就会谈到职场人际关系，谈到亲子关系，谈到亲密关系，也会谈到自我内心的空洞。在那些表面的困惑和迷茫后面，关系，永远是一个绕不开的话题。曾经，是关系支持他们发展和成长，现在，又是因为关系让他们感到无助和匮乏。对他们来说，关系中的幸福感，就是富足。

于是，我发现，表面上的困惑，在更深层的地方，追求的却是"富足"。那么，有什么方法可以让人富足呢？

我有三个基本观点：

第一，富足是一种持续追寻的状态。富足，既不停留在现状上，也不止步于一种可以确定的结果上。这就打破了用确定性结果来定义富足的限制：专家可以拥有的富足，白丁也可以有；社会名流商业大鳄可以拥有的富足，普通百姓工薪阶层也可以有。富足，是每个人基于独特环境和资源打拼出来的属于自己的一方天地。随着外在资源拓展，内在资源升级，每个人的富足内涵也在不断丰富，富足状态也在持续升级。这也是持续追寻富足状态的一种必然。

第二，**富足的状态有迹可循**。追寻富足状态，有两个思路。一个思路是从富足本身出发，从活出富足状态的人那里寻找富足的密码。另外一个思路是从问题出发，很多时候，问题清单也是目标清单。将一个个困惑翻转，富足就会出现；把一个个焦虑化解，富足就会来到。值得注意的是，不管是哪个思路，都需要从真实的身边人寻找富足，寻找问题。天边的名人有被粉饰的面孔，远处的励志故事也有我们模仿不了的杜撰。只有挖掘身边的富足，才可以找到让人恍然大悟的方法；只有解决了身边的问题，才会有内心踏实的充盈。

第三，**富足状态可以借由工具来实现**。理论是抽象的，工具是具体的，想要在漫无边际的生活中寻找理论上存在的富足状态，不免让人感觉到虚无缥缈。此时，工具就像可以渡人过河的舟船，像可以抓扶着上山的锁链，让人们借助工具逐渐打开一个个宝库的大门，看到富足的可能。工具提供的是方法，也是思路。不管是成就、成长，还是关系滋养后的幸福，循着这些方法，一次次地总会有所收获。逐渐地，工具消失了，取而代之的，是已然固化在我们思维里的对于富足的认知。

这本书就是关于如何达成富足状态的工具书。导论部分，介绍了富足人生的三重螺旋模型，这是我对富足状态内涵的理解。之后分别从成就感、成长感和幸福感三个维度来对富足状态的实现进行探寻，在三个部分中，一共介绍了十二个工具，大家可以一边阅读，一边操作，不知不觉之中，实现知行合一。

这本书是我长期助人工作的经验积累，也是各类智慧的再创造。这些工具已经影响了我的千百位客户。这一次，希望这些工具也能影响你，期待这些工具能助你找到富足的状态。

赵 昂

2023 年 3 月

# 目录

大咖推荐

读者推荐

序

导论　富足人生的三重螺旋模型 ·········· 1
  一、什么是富足 ·········· 3
  二、三重螺旋模型 ·········· 7
  三、练习：创造富足人生 ·········· 12

## 第一部分　成　就　感

第一章　目标抓钩：锚定成果，实现惊险一跃 ·········· 21
  一、制定目标时常见的问题 ·········· 23
  二、制定目标的四个标准 ·········· 26
  三、练习：目标抓钩 ·········· 33

第二章　计划矩阵：排兵布阵，志在必得 ·········· 37
  一、制订计划的常见误区 ·········· 39
  二、克服弱点，正确做事 ·········· 43
  三、练习：计划矩阵 ·········· 46

第三章　支持系统：整合资源，把握胜算 ·············· 51
　　一、对于支持系统的认识误区 ·············· 53
　　二、建立对于支持系统的信念 ·············· 55
　　三、支持系统的构成 ·············· 57
　　四、练习：幸运的主角 ·············· 64

第四章　复盘之箭：穿透过去和未来的力量 ·············· 69
　　一、复盘的价值 ·············· 71
　　二、复盘的误区 ·············· 74
　　三、复盘之箭：指向未来的学习 ·············· 77
　　四、练习：复盘之箭 ·············· 83

第五章　优势漏斗：获得持续成就的法宝 ·············· 87
　　一、关于优势的基本认知 ·············· 89
　　二、优势漏斗：持续创造优势 ·············· 92
　　三、练习：优势漏斗 ·············· 100

## 第二部分　成　长　感

第六章　习惯底色：主动绘出自己的生活蓝图 ·············· 107
　　一、习惯的作用 ·············· 109
　　二、主动掌控习惯 ·············· 111
　　三、练习：习惯调色板 ·············· 118

第七章　能量翻板：低谷崛起，状态飙升 ·············· 121
　　一、富足的能量状态 ·············· 123
　　二、让能量翻转 ·············· 124

三、练习：能量翻板 ………………………………… 129

### 第八章　学习雷达：开启对于世界的探索 ………… 133

　　一、成长的两种学习方式 …………………………… 135

　　二、学习中要规避的错误信息 ……………………… 137

　　三、学习雷达的三个维度 …………………………… 139

　　四、制订学习计划的三点注意 ……………………… 143

　　五、练习：盘点学习雷达 …………………………… 145

### 第九章　生命脚本：成为你爱的自己 ………………… 149

　　一、毫无觉察的生命脚本 …………………………… 151

　　二、改写生命脚本，重塑自我 ……………………… 154

　　三、练习：调整生命脚本 …………………………… 161

## 第三部分　幸　福　感

### 第十章　关系罗盘：主动构建高能量人际关系 ……… 167

　　一、被动的人际关系 ………………………………… 169

　　二、对于关系的认知 ………………………………… 171

　　三、关系罗盘的使用 ………………………………… 175

　　四、关系罗盘的调整策略 …………………………… 180

　　五、练习：关系罗盘 ………………………………… 182

### 第十一章　闪光卡片：创造满满的仪式感 …………… 187

　　一、什么是仪式感 …………………………………… 189

　　二、创造仪式感的四种时刻 ………………………… 192

　　三、练习：制作闪光卡片 …………………………… 198

**第十二章　梦想树：活出精彩** ··················· 203
　　一、梦想的六个来源 ······················· 205
　　二、写出梦想清单 ························· 208
　　三、练习：制作梦想树 ····················· 210
　　四、梦想总结会 ··························· 213

**后记** ·········································· 215

**附录　昂 sir 的课程学员见证** ··················· 219

**参考文献** ······································ 231

# 导 论

## 富足人生的三重螺旋模型

"富足"是一个人们乐于谈论的话题,虽然会有各种不同解读,却表达了人们向往的状态。

那么,谈到富足人生的时候,你会想到什么呢?

有人会想到,富足就是拥有很多金钱之类的物质财富。有人会想到,富足是一种境界,需要拥有很多精神财富。这些似乎都对,但是又似乎很难回答这样的问题:

如果把富足理解为物质富足和精神富足,那么,只有金钱就够了吗?只有境界就够了吗?人们总会在物质和精神财富之外找到一些匮乏的例外,那么究竟什么才是全面的富足呢?这其实是对于富足内涵的理解角度问题。从物质的角度出发,很容易狭隘,从精神的角度去看,又很容易抽象,不容易说清楚。如果不对富足的内涵有确定的理解,那如何追寻它就更是无从谈起了。

有人可能听过这样的话:每个人都内在具足。这话听起来让人备受鼓舞,但是如果在现实中处处碰壁的话,这句话又很容易变成了一句不咸不淡的鸡汤。什么样的状态才是每个人都触手可及的富足呢?富足,是否有可以追寻的轨迹?

这正是本书要讨论的问题。而导论部分,首先要通过一个模型来揭示富足的内涵。

富足人生的三重螺旋模型——立体

导 论
富足人生的三重螺旋模型

## 一 什么是富足

什么是富足呢？如果把这个问题放在具体的场景之中，就很容易理解了。

生病的时候，健康的状态就是富足；遇到技术难题的时候，找到了解决方法就是富足；情绪低落的时候，乐观积极就是富足；难以抉择陷入困境的时候，有智慧就是富足；当然，想买一件东西，立刻能拿出钱来也是富足。然而，富足也是一个恰到好处的"度"。如果把富足等同于一种可以肆意妄为的欲望或者可以控制一切的贪婪，那恰好不是富足，而是内心穷困的表现。

至少在理性层面，我们都知道，富足肯定不能等同于拥有金钱，很多人都有过有钱却不快乐不幸福的时候，那种状态肯定称不上富足。可这又为什么呢？这是因为，如果只是停留在对于金钱的关注上，那其实还只是关注物质，一个人的状态若只停留在生存层面，并不是真正的富足。很简单的思维逻辑：有了钱之后你会想干吗呢？或许你会先满足一些自己的基本需求，吃得好，穿得好，住得好，玩得好。然后呢？如果继续满足物质享受，就会滑向"贪婪"的深渊，进入被物欲控制的状态，那肯定算不得富足。如果深度思考一下，你会发现，物质诉求的背后，往往寄托着我们别的期待。

不知道你有没有想过，除了基本的生存需要之外，我们买的是什么？比如说，买来一套大房子，肯定不是希望自己一个人去住。买来一辆新车，肯定也不只希望驾驶在无人区。我们之所以会因为金钱而产生富有的感觉，那是因为物质所承载的东西。比如，那套房子后边所隐藏着的，不仅仅是舒适感，或许还有和家人一起分享的亲情。那辆新车后面，有向别人展示的成就感。这些亲情、成就感，可能才是我们所期待拥有的富足的感受。

与此同时，我们会发现很多东西是金钱买不到的，比如真正而纯粹的爱情，一个人的智慧，别人发自内心的尊重……在这些价值面前，金钱和很多东西一样，可能会是一种方式和工具，会起到一定的作用。但是我们非常清楚地知道，金钱和这些价值之间无法画上等号。

有人把财富分为物质财富、精神财富，然后还总在想，如何才能将精神财富转化为物质财富。可别傻了，如果真的是可以用精神财富交换物质财富，那就意味着你失去了精神财富，而获得了物质财富。难道，你想做一个守着一堆金子的傻子吗？何况，很多时候是你想多了，想要转化成物质财富之前，先问问自己：

## 导 论
### 富足人生的三重螺旋模型

有多少可以转化并且对别人有价值的精神财富?

这似乎是个玩笑,但这可以让一个人立刻不再纠结了。我们要知道,之所以会产生这种有些荒谬的想法,其实是因为在谈富足内涵的时候,只谈精神财富和物质财富的划分本身,从而让人陷入了一个僵化的误区。似乎财富是客观存在的,我们一旦拥有了,就变得富足了。本质上说,**所谓的富足,并不是你拥有什么,而是你活成的样子,活出的状态**。其实,并没有什么一直独属于你,物质如此,思想也是如此。

我们不妨再把富足提到生命的层面来看,去看一看生死。作为每一个必经生死的人来说,我们只是一个过客,每一个人活着都是为了追寻属于自己的意义感,可能是被别人认可、认同的意义感,也可能是获得了某些突破的意义感。只有当追寻的那些意义感获得了满足,我们才能真正地感受到富足。

那么,如何才能满足我们所追寻的意义感呢?意义感,似乎是精神层面的感受。如果只是将富足理解为精神财富,又变得抽象,缺乏抓手,似乎离大家很远了。

我做过大量的生涯咨询,也接触过各行各业不同年龄不同文化背景的人,大家不仅仅因为职业发展的迷茫和焦虑来找我,也不仅仅因为跳槽转型寻求平衡的问题来找我,这些都是表面的问题,是生活被拦住的障碍物,而我们最终要寻找的,其实是富足。

富足是什么？富足是一种感觉，也是一种状态。而且，我发现，在三种情况下，人们会感到富足。

第一种情况是，因为自己努力工作，而在职业或事业上获得的一种成就感，这个时候我们会感受到富足。第二种情况是，因为我们自己不断获得突破而感受到的一种满满的成长感，这时候也会感受到富足。第三种情况是，因为身边的各种关系十分融洽，给自己带来滋养，从而获得的一种幸福感，这时候也会感受到富足。

从这三种情况出发，我总结出获得富足的三个要素，进而梳理出一个关于富足人生的三重螺旋模型。

## 二 三重螺旋模型

富足人生的三重螺旋模型,涉及"成就感""成长感"和"幸福感"三个要素,这个模型不仅仅解答了关于"什么是富足"的问题,而且揭示了三个要素之间的密切关系。

该模型中有三个重要的关键点:第一是组成富足的三个要素;第二是这三个要素之间的关系;第三是三重螺旋发展的趋势。

### 1. 富足人生模型的三个要素

**富足人生的三重螺旋模型揭示了带来富足感的三个要素。这三个要素分别是:因工作而获得的成就感,因自我突破而获得的成长感和因为关系融洽滋养而带来的幸福感。**

先说成就感,一个人之所以能获得成就感,往往都是工作中取得了成果,得到了自己乃至他人、市场的认可。这里的工作,我们要做泛化理解,它不仅可以是你拿到工资和报酬的工作,还可以是任何一件你会投入其中,并期待做出成果的事情。这件事可能是你的职业,也可能是你的事业。当你把一件事做成了,就会有成就感。

值得注意的是，这种能给你带来成就感的事情要满足两个条件：第一个条件，这件事一定是符合自己意愿的，也就是自己想要把这件事做好；另外一个条件，这件事多少都要有些挑战，而不是轻轻松松就能完成的。这个挑战有可能来自这件事情本身的难度，也有可能来自需要持续的坚持。不管怎么样，绝不会是不费吹灰之力就能完成的，而且，挑战越大，完成之后的成就感就会越强。成就感是人们感受到富足的一个重要因素。

带来富足的第二个要素是成长感，成长感主要来自一种内心的感受。特别是作为一个有自主意识的生命，我们每一个人都会在自己的人生道路中感受到自己的认知、格局、胸襟、视野等获得的一些突破。当我们在这些方面获得突破的时候，就会产生一种发自内心的喜悦，而这种喜悦就是我们常说的成长感。我们感受到了成长感，感受到了生命的力量，自然也就会感受到富足。

带来富足的第三个要素是幸福感，这里的幸福感特指从关系当中获得的幸福感。作为一个有着社会属性的人来说，我们不可避免地会跟各种各样的人产生各种各样的关系、联结。作为整个社会关系网当中的一个节点，如果我们能从与周围人的关系中感受到很多的认可和认同，并且能从关系当中收获支持和能量的时候，我们自然就会有一种幸福感。幸福感也是让我们感受到富足的一个重要维度。

以上三个要素，成就感、成长感、幸福感是富足的三个来源。接下来，我们来看一看三个要素之间的关系是怎样的。

### 2. 富足人生模型的三要素之间的关系

**成就感、成长感、幸福感，这三个要素之间是互相依存、互相影响、互为推动的关系。**

要想获得成就感，就必须有自我的发展，需要提升内在。不仅仅是自我能力的提升，不仅仅是要有良好的内在素养，更是内在自我协调统一，没有太多内耗，对自我有较强的管理、掌控。很显然，**成就感的获得需要自我成长的突破**。同时，我们又都非常明白，**成就感的获得离不开融洽和谐的人际关系**。不管是家庭中的亲人关系，还是工作中的同事关系，因为有了融洽关系的滋养，才能获得更多支持，也才能获得成功，所以说成就感是要依靠自我的成长感和关系的幸福感才能够获得的。

反过来呢，**成就感也会影响成长感和幸福感**。当一个人在工作中取得成绩，不断获得新的成就时，就会发自内心地希望成长，希望获得提升和突破。同时，因为不断追求成就，获得成果，不管是过程还是结果，也都会反过来推动他扩展关系，改善关系，滋养关系……

当然，成就感并不必然带来内在成长和关系的幸福。恰恰相反，如果一个人因为获得了成就，反倒因此自满，便阻碍了成长。或者因为获得了成就感，进而自大，反倒影响了关系的幸福。那么，成就感的获得也会因此而停滞。这就是一种消极的影响。

同样地，**成长感与幸福感也是互相影响的**。内在的成长会让一个人更加强大，进而会推动一个人走出小我，与别人之间的关系会变得更加融洽。反过来看，人际关系之中之所以会出现矛盾和冲突，往往也是因为内在自我需要成长；而关系的拓展和升级，往往也是因为持续自我成长带来的视野格局扩大的结果。

这三个要素就是这样互相影响着，错纵交织着。这样的关系提醒我们，不要用单一维度看待富足。

在生活中，富足感的获得又离不开两个重要的场景：做事的场景和与人交往的场景。一个成熟的人绝不会用一个单一维度来看任何一种场景带来的价值。因事聚人，在做事的过程中，关系是不可忽略的维度。以人谋事，只有在各类交往中，才有可能创造更多机会，创造更多价值。我们每个人都是各种场景中的角色，能否扮演好不同角色，能否"谋事""成事"，能否"聚人"，这又依赖每个角色扮演者内在的成长。

从三重螺旋模型中可以看出，一个人要想获得富足感，这三个要素（成就感、成长感、幸福感）是缺一不可的。任何一个要素卡住了，都会影响其他两个方面的发展。

### 3. 三重螺旋的发展趋势

除了三个要素及其之间的关系之外，我们一定要注意这个模型的第三个关键点，就是螺旋上升的动态发展。**富足人生的三重螺旋，有一个变化的趋势，在三个要素互相支持和推动的同时，螺旋会不断上升并且扩展。**也就是说成长不断取得突破，工作中不断获得更大的成就，关系中得到更多幸福。就像一个生命体一样，向上生长，向外繁荣，不断扩展。我们的人生，也会因此而展现生生不息的力量。因此，这个模型也会是动态的、立体的。我们会因为这样的螺旋发展，而感受到持续的富足，不会因为欲望得到满足而百无聊赖，也不会因为持续的追求而为其所累。

由此，大家或许就更加明白了，在工作中的成就感、自我的成长感、关系中的幸福感，才是我们在追求富足人生的过程中需要关注的要素。而物质富足和精神富足，只是在这个过程中，因为人生富足而自然而然得到的一个附属品而已。

## 三 练习：创造富足人生

富足人生的三重螺旋模型不仅让我们对富足有了认识，同时也有了创造富足状态的抓手。如果在这个螺旋模型中截取一个横切面，就可以看到某一个时间节点下，我们需要关注的状态。

富足人生的三重螺旋立体模型，是一个富足人生的底层逻辑模型，而该模型的横切面，就是一个我们可以经常检核自己，确认下一步方向的工具。

富足人生的三重螺旋模型——平面

接下来，做这样的练习：

对照富足人生三重螺旋的平面图，针对工作、自我、关系三个方面进行评估、分析，并制订一个发展计划。

### 1．评估

先对自己的三个方面分别做一下评估。

| 对工作的评估（成就感评估） | 你对于自己目前在工作中的发展满意吗？满分 10 分的话，可以打几分？ | |
|---|---|---|
| | 打这个分数的原因是什么？ | |
| | 工作中，让自己满意的成就有哪些？ | |
| | 对自己不满意的地方有哪些？（注意：是对自己不满意的地方，而不是对工作本身不满意的地方。） | |

提醒：这里的工作评估，可以针对本职工作，或者兼职的工作、无报酬的工作等。凡是认真投入其中，有所期待的工作都可以做类似的评估。

| | | |
|---|---|---|
| 对关系的评估<br>（幸福感评估） | 你对于自己目前的各类关系满意吗？ | |
| | 列出你一下就能想到的对你来说重要的关系，根据你对于不同关系的满意度，分别打分（满分 10 分）。 | |
| | 打这个分数的原因是什么？ | |
| 对自我的评估<br>（成长感评估） | 回顾过去几年时间，你感受到的成长都有哪些？（比如视野、格局、自信……） | |
| | 如果请你设计一个理想的成长模型（一个人需要在哪些方面持续成长），你认为需要包括哪些维度？ | |
| | 结合你所设想的成长模型，对自己在各方面的成长满意度做个评估。 | |

## 2. 分析

综合看看工作、自我、关系等每个方面的自我评估，你有什么发现？

有没有哪些具体项是你虽然不满意，但也不在意的？

比如，一些关系，一些工作。

有没有哪些具体项是你希望在下个阶段重点提升的？把它们选出来。注意，不要太多。

## 3. 计划

在选出的希望提升项之间，尝试找到彼此之间的联系，并找到一些可以连接这些项的关键事件，比如一个项目，一个活动等。

根据找出来的关键事件，制订一个计划。

【练习中常见问题解析】

问题1：

练习中，经过梳理发现，在目前阶段，成就感获得和自我成长感的获得是指向同一件事的，也就是说，自我成长的目标达到，成就感就有了。这有问题吗？做计划时，这两项可以合而为一吗？

解析：

没有问题。

从获得成就感和成长感来源于同一件事来看，所处的生涯阶段可能是爬坡期，如果是职场新人，正是新手爬坡，如果是多年的职场人，或许正处于重要的职场转折点。这里有一个重要的假设：获得了成长，就能获得成就感。

需要注意的是：成长与成就是存在关系的，但不是必然的因果关系，而是互相影响的关系。你有没有想过：通过创造一些成就，进而推动更大成长呢？

问题2：

如果在一件事上可以同时获得成就感和成长感，那是否可以说，有时候，成就感和成长感就是一回事呢？

解析：

成就感和成长感是不一样的。成就感，指的是在工作中取得了成果，而成长感是一种因自我突破而带来的喜悦。

本质上讲，二者肯定有区别，成长来自内在，在事上、在关系中得到修炼。成就来自外在，来自你在和这个世界互动之中感受到的价值感，在事上取得成就。没有成长，不会有成就，有了持续成就，就必然伴随着成长。

问题3：

练习中，那个连接多个提升项的"关键事件"好难找，怎么办？

解析：

找不到"关键事件"，是因为有两个方面有待提升。

一方面是提升认知自己的能力。对自己来说，什么是"关键"？诸多关键之间，如何排序？其背后的意义是什么样的？这些都是对自我的认知。有这样一个方法：先从诸多选项之中选择那些分数最低，感受最痛的开始，设定为"关键项"。如果不满意，问自己：为什么不想把这个分数低的选项列为关键事件？然后继续寻找。在这个过程中，会对自己有更深的认知。

> 另一方面，提升做事的能力。如果没有在任何一件事上下功夫，或者不准备提升任何一方面的话，关键事件就无从谈起了。此时找"关键事件"，也是一种投机心理在作祟——总想毫不费力地，甚至一劳永逸地解决问题。要知道，凡是能找到关键事件的人，一定是用心聚焦在一些需要提升的地方之后，深入了解了彼此之间的联系，才终于找到了关键点。

# 第一部分
# 成 就 感

　　成就感是一个人工作的动力，也是自我价值存在的证明。

# 第一章

## 目标抓钩：
## 锚定成果，实现惊险一跃

我们做事的时候，一定会有目标。

大事有大事的目标，小事有小事的目标，从人生规划，到年度目标，再到每一天做的每一件事，我们都会在心里有一个或明确，或模糊的目标。所以，才会有做完一件事之后的欣喜，那是因为目标实现了；当然也会有做完一件事的失落，那是因为目标没有达成。

限于资源和能力,受制于可能发生的种种无常,我们无法决定每一件事的成败。然而,对于目标,我们要关注的是,在做一件重要的事情之前,就要有意识地觉察到目标,并且主动地规划目标。这样,我们才能掌握人生主动权,循着自己的人生轨迹前行。

## 一 制定目标时常见的问题

目标如何制定,往往决定了是否可以"拿"到成就感。只有在达成了一个个有价值的目标时,我们才会体验到成就感。然而,目标的制定,也往往会出现很多问题。

1. **第一类问题,目标不是我们自己制定的**。有时候,莫名其妙地,我们就会接受一个别人给我们的目标。比如,老板制定的绩效考核。这样的目标往往是在一个组织设定的大目标之下,细分到我们每个人身上的小目标。这样的目标有可能会跟着组织目标的变动而变动,当大目标变动的时候,我们自己又该怎么办呢?这并不是真正的自主目标,这只能叫"任务"。如果在我们的工作中只有这样的目标,那么,即便达成目标,也很难持续地获得发自内心的成就感。

这当然不是在允许你不去完成工作中领导交办的"任务",而是要学会"主动地"将"任务"转化为自己的目标,主动思考任务背后的价值和意义,将个人发展的成就感获得与组织发展的目标结合起来。这样才会在企业变革、项目转型的过程中不至于迷失方向，不至于产生巨大的落差和失落感。

2. **第二类问题，我们的目标只是一个无目标的目标。** 这话怎么说呢，如果我们没有自己明确的方向，就会无意识地接受了社会标准，如果自己不能有意识地制定目标，就容易把别人的目标当成自己的目标。

比如，一年要赚 50 万元的目标，一年要读 50 本书的目标。对于这样的目标，我们只是觉得好像也不错，像是有追求，但是认真想想这些目标跟自己有什么关系呢？或许并不清楚。可能这些目标并不符合自己的个人发展方向，比如，一个职场新人可能最需要的是提升专业能力，而不是天天去想怎么才能赚 50 万元。一个技术新手，最需要的是通过实践提升经验值，而不是读 50 本书。在这种情况下，**我们如果只是拿着别人的剧本来演绎自己的人生，把别人的目标当成自己的目标，这就是无目标的目标。**

3. **第三类问题，制定按部就班的目标。** 年底年初的时候，想到要给自己制订一个年度计划，就会把去年的工作作为一个重要的参考系，在去年的基础上修改一点，目标就出现了。很多人就是这样周而复始地度过一年又一年。直到有一天，人生中忽然出现了危机，行业萧条、企业倒闭、经济危机、组织裁员，这时才会忽然不知所措地问自己：这是为什么，我不是一直辛辛苦苦，兢兢业业的吗？

# 第一章
## 目标抓钩：锚定成果，实现惊险一跃

不知道你有没有想过，这样按部就班地制定目标，并没有抬头看路，只是感觉要有所提升，只是在去年的目标之上往前延续。这样按部就班的目标很容易让我们生活在貌似有成就感的计划之中，然而实际上只是在延续平庸的生活。把时间拉长了看，目标缺少了价值，人生也就很难有意义。几年过去之后，回头一望，我们虽然忙忙碌碌地做了很多事情，但是这些事情并没有给我们带来更大的价值。同时，缺少主动性的目标也就缺少了动力，会非常脆弱，很难经受得起外界的突发情况以及各种变动的打击。

4. 第四类问题，我们会用一个过于远大而不清晰的目标来让自己安心。比如，有人的目标就是成为一个专家，那么他认为自己的目标就应该是不断学习、不断读书。这好像是有奋斗目标的，但实际上呢，这样的目标因为太过抽象，所以不管做什么似乎都对；因为太过遥远，所以在日常生活中，这样的目标也很难起到激发行动的作用。不管做什么事好像都跟这个目标有关系，好像又没有什么太多的关系，我们很容易陷入一系列的无效动作当中。所以，到了最后，远大而不清晰的目标，只是起到了一个安慰焦虑心情的作用。

以上这几种，都是我们在制定目标的时候经常遇到的问题。由此可见，制定目标至关重要，这决定了我们是否能够拿到成果，也是获得成就感的关键。

## 二　制定目标的四个标准

究竟该如何制定目标呢？我提出了一个制定目标的工具——目标抓钩。之所以给这个工具这样命名，我是想表达这样一个隐喻：

在人生中，在职场上，我们每一个人都像是一位攀登者。我们奋勇向前、勇攀高峰，每一座我们征服过的高峰，都是标记我们人生中重要成就的丰碑。人生道路上，只有我们自己走过才算数，他人走过的路虽然可以借鉴，却不能沿着其轨迹前行。我们需要做的，就是一边探索，一边奋力拼搏。在这个过程中，会很辛苦，也很危险，有时候需要手脚并用，有时候需要跨越飞奔。在这个过程中的每一个阶段，我们都需要锚定不同的目标。这个目标，就是下一站要达到的地方，特别是为了获得更大的成就感，我们就像是在陡峭的崖壁上攀岩。这时候，需要把抓钩抛出去，锚定一个能看得着的，有利于我们下一步行进的固着物。试一试这个固着物的可靠度，然后，实现惊险一跃。跳过去，站在新的成果上继续前进。

这才是我们需要寻找的目标，而那个抓钩就是我们寻找目标的工具。目标抓钩就是用来帮我们抓住可靠目标的，它是衡量下一个获得成就目标的标准。

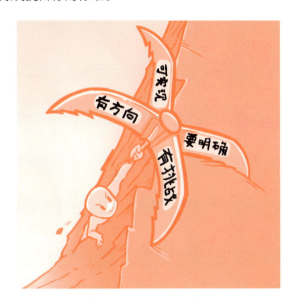

这个目标抓钩有四个爪，也就是判断目标是否合适的四个标准。

### 1. 目标一定要符合未来的发展方向

这个很容易理解，目标本来也就是为了实现人生长远方向的。如果没有方向，盲目前行，即便过程再怎么努力，结果也只能是南辕北辙。

如果确实找不到方向怎么办呢？可以参考四个维度来进行调

整，只要符合其中的一项或几项，就可以视为是自己的方向了：

**寻找符合方向目标的第一个维度是考虑生涯阶段**。每个人处于不同的生涯阶段，这个阶段的一个重要生涯任务，就是要为下一个阶段做准备。

比如一个工作了3年的职场人，下一个阶段准备积累更大的职业成果，成为独当一面的中坚力量。那么，这个阶段就要努力提升专业能力，丰富职业经验。这就是这个阶段的目标。

比如一个有了6年职业经验的专业人士，下个阶段想要提升影响力，成为团队的领导者，就要提升自己带团队的能力，加强人际关系处理能力，扩展人脉。这样的目标，也是为下一个阶段做准备。

再比如，一对夫妇把买房子作为目标，可能是为生娃做的准备。一个五十岁的管理者业余时间学习绘画，可能是为自我发展做准备。找到生涯阶段的重心，就是找到了有方向性的目标。

**寻找符合方向目标的第二个维度是考虑愿景和梦想**。愿景和梦想突破了生涯阶段的时间限制，是一个人历经世事之后发现的属于自己的"天命"，是一个人在不懈追寻中找到的"人生意义"。

如果要实现更大的愿景或者梦想，需要三五年，甚至更久，那就不妨围绕这样的愿景和梦想设定最近一年、半年的目标，这样的目标肯定也是符合方向的目标。

**寻找符合方向目标的第三个维度是考虑热爱和兴趣**。去想一想有没有什么想要探索的、感兴趣的、热爱的方向吧。比如做人力资源的人，对销售感兴趣。做技术的人，对创业感兴趣。或者你突然对艺术，对绘画感兴趣。这些也都可以作为我们诸多人生方向中的一个思考维度，然后设定探索或者提升的目标。

**寻找符合方向目标的第四个维度是考虑现有任务**。如果你正处于一个阶段的发展之中，有明确的方向，有需要这几年完成的任务，那就可以把这个任务切分到以年为单位的更小的目标之中去。

比如你计划完成某个产品体系的搭建，你计划用五年时间研发一系列产品，那么就可以考虑最近这一年要完成哪些产品。再比如你是一个作家，希望在未来的五年内写出五本书，那就可以规划最近这一年要做些什么。

以上这四个维度都是可以考虑的长远方向，我们的目标抓钩首先要满足的就是把目标设定在属于我们自己的发展方向上，这样就不会被别人带偏。

## 2. 目标必须得有挑战

这就是说，我们要追寻的这个目标不仅要在你的前进方向上，同时还不能是触手可及的。

目标是否有挑战，是针对我们的能力来说的。只有追寻的目标超过了现有能力范围，完成目标之后，我们才会有一种战胜困难的成就感。否则，我们就会陷入一种平庸的重复之中。

从这个标准来看，每一次目标的实现，不仅会带来完成工作的成就感，还会带来内在自我的成长感。关键是，有挑战的目标，会扩大我们的能力空间。有挑战的目标绝非轻而易举就可以完成的，更不是只需要时间积累就可以实现的，但是这样的目标一旦完成，就必定是一个值得记录的重要成果。

比如，职场上，研发人员挑战高难度的技术攻关，工程师挑战没做过的项目，没做过管理者的员工开始带团队，爱好写作的人开始认真写书。这些都是可以成为有挑战的目标。

### 3. 目标必须要明确

我们在陡峭的岩壁上攀登的时候，一定要把抓钩抛到看得见的固着物上，只有看得见，我们才知道接下来用多大力气能够达到。这个"看得见"，就是指目标的明确性。

具体来说，目标的明确性有三个考量标准：时间明确、数量明确、质量明确。

时间明确：用多久达成目标。不同的时长对于资源的要求不同，最终带来的价值也不一样。**数量明确：判断目标是否达成时，在数量方面的考量需要明确**。可以是具体的完成数量，比如多少件，多少字。也可以是完成的进度，用百分比来表示。不管哪一种，达成的目标中一定要有明确的数量标准。**质量明确：达成的结果完美程度如何，要十分明确**。可以是自评，也可以是他评，或者是一个客观可视的衡量标准。

有时候，有了明确标准的目标会让人心里感到踏实，因为知道结果如何呈现了。有时候，有了明确标准的目标会让人有压力，在没有明确标准的时候，可以用"还可以"来安慰自己，目标明确了，就不能"糊弄"了。还有的时候，明确的目标也不能完全代表想要实现的最终目的，因为总有一些不能特别明确的，说不清道不明的标准。但不管怎样，明确的目标，是一个可以规范和校正路线的标记，让你知道自己走到了哪里，即便走了点弯路，也知道下一步该如何调整。

### 4. 目标必须可实现

我们制定目标的目的，不是为了将其束之高阁，不是为了励志，而是为了实现。就像在攀岩过程中，我们抛出抓钩，是为了能够攀过去，而不是为了中途跌落。这就要求我们的目标必须可实现。

我们的下一步目标不应该是一种绝无可能的幻想，而是咬牙冲刺可以实现的;也不仅仅是美好的向往,而是下一步的落脚点;更不是一个寄托于他人的依赖,而是依靠自己的努力就能够达成的。所以我们要区分出目标和方向的不同。**如果是我们即使通过努力也很难实现的目标,就不应该成为我们的目标,那只是一个努力的方向而已。**

从这个角度来说,**可实现的目标与有挑战的目标,是两个既矛盾又统一的一对标准。**有挑战,需要努力达成;可实现,目标不会变成空中楼阁。

以上四个方面:有方向,有挑战,要明确,可实现。就是我们目标抓钩的四个要素,也是衡量目标的四个标准。

## 三 练习：目标抓钩

通过目标抓钩来澄清目标。

1. 确定一个时间段（比如一年、一个月），列出你所能想到的所有目标。

2. 把这些目标填在表格里，用四个标准进行衡量判断。

3. 把满足了标准的目标筛选出来，作为真正的目标，专门写出来。

| 目标 | 有方向 | 有挑战 | 要明确 | 可实现 |
|---|---|---|---|---|
| 目标1 | | | | |
| 目标2 | | | | |
| …… | | | | |

4. 把目标成果化。

问问自己：如果结束的时候，让你总结，说到这个阶段（年、月）的一个最重要的成果，那是什么？

【练习中常见问题解析】

问题1：

有一些目标，明知道很难也不得不做，但是在以往的经验中，这样的目标即使制定好了也坚持不下去，导致现在不敢制定目标了，怎么办？

解析：

对于"很难也不得不做，但是坚持不了"的目标，如果用目标抓钩来检验的话，往往第一个标准就无法符合。因为"特别难也不得不做"的背后，往往藏着一种"满足别人期待"的无奈，这并不符合自己的方向。对于"满足别人期待的目标"，如果必须要做，那就当成任务，一点点分解，争取更多资源，努力完成吧。

如果真的是符合自己方向的目标，就不会出现一种"莫名的"畏难情绪，因为你知道难在哪里，就会根据困难制定"有挑战但又可实现的"目标。如果连难点都不知道，那就需要先把"看清楚目标"作为自己的目标。

问题2：

如果对于满足意义感的目标特别模糊，想到的都是如何生存，感觉到被困于生活之中，但是又觉得不能这样，那该怎么办呢？如果没有满足四个标准，但是还必须实现的目标，算是目标吗？

解析：

我们的人生并不总是在追求一些美好而远大的意义感，有时候，活着、活好，本身就是意义。我们要知道的是，意义感本身也是动态的。比如一个在跑马拉松的运动员，路途中意外遇到了失温的情况，此时，他最该做什么呢？肯定不是看看自己跑到了哪里，不是看看下一站还有多远，也不是要如何打破纪录，而是尽快获得救援，尽快得到医治。

漫漫人生路，我们会经历人生巅峰，志得意满；也会进入低谷，窘困匮乏。不同的时期，不同境况之下，自然有不同的目标。我们需要做的，就是根据不同场景，用目标抓钩，制定不同目标。谨防刻舟求剑。

对于那些没有满足目标抓钩四个标准的目标，如果必须要做，可以问问自己：为什么要做？如果是生活所迫，如果是必须完成的任务，如果是必须尽到的责任义务，那也很容易理解。但是，要知道的是，目标抓钩检验的是实现"富足人生"的目标。目标抓钩的隐喻也很容易解释这种情况：我们平时走路的时候迈开步向前走就行了，只有在攀登高峰的时候，才会用抓钩。

问题3：

当心中有模糊的目标或方向时，总想着有一些事没做，在这种不安的刺激下，可能会有所行动，甚至能获得突破。反之，当把目标、计划清晰地罗列出来之后（比如每天读什么书、做什么运动、学什么课程），容易令人产生一种虚假的满足感，好像已经目标实现了，就会缺乏进一步行动的积极主动性。怎样打破这种幻觉呢？

解析：

每天做什么事并不是目标，而只是一种行动计划。因为目标是对应结果的，你并没有对这样的事情要求得到什么结果，而只是完成一些行为。

至于那种心安而不积极的感觉，其实是来自"要对别人有交代"的期待。读书、运动、学习，并不是自己的方向，至少不是发自内心想要做的事情，而只是为了满足"社会期待"。觉得只有做这样的事情，才会被认可。于是，制订这计划本身，就是为了获得"被认可的安心"。一旦安心了，目的就达到了，这也就很容易理解，为什么列出计划，反倒会懈怠了。

# 第二章

## 计划矩阵：
## 排兵布阵，志在必得

我们每个人都制订过计划，工作中的计划、生活中的计划……计划，并不是墨守成规的代名词，并不是与创造性对抗的一种方式，而是更好地实现梦想的路径。

然而，在实际中，很多人搞不清楚计划和目标的区别，总会在制定年度目标的时候，写出一系列行动计划。其实区别很简单，目标是指向结果的，计划是用以实现目标的一系列行动。虽然每一个行动都需要有结果，但是相比最后的目标来看，这样的结果要么看不出来明显变化，比如每天健身，每天看书；要么阶段性结果的重要性不那么明显，比如写作三万字，距离写完一本书来说，顶多算是一个小节点。

知道了目标与计划的区别，就知道了目标与计划的关系：目标是否可以实现，取决于计划制订的效果。而这个效果，却又因为个人对于计划的认知而千差万别。

# 一 制订计划的常见误区

计划，我们可以这么简单地理解：**就是把你为了完成目标所要做的事情都放在确定的时间段之内**。这似乎很容易做到，只需要把我们能想到的事情列举出来，塞进每个时间段就可以了，然而在执行计划的时候，又会出现这样那样的问题。

比如，某工作计划总是很难按时完成，在执行计划的过程中总会有超出原计划的困难，会出现时间不够、资金短缺、人手不足等情况。再比如，在执行计划的过程中又总会有一些意外发生，一些突发事件会干扰正在做的事情，甚至会阻碍原计划执行。

还有，在计划执行的过程中又总会出现各种各样的"合理变动"，比如，忽然发现了一个需要特别关注的因素，而这个因素在之前被忽略了。比如，一些没有放进计划的基础性工作如果不做，看似影响不大，但是会让未来的发展遇到困难。

这些变动似乎都很有道理，但是在计划制订之初的时候却怎么也想不到，于是就会出现：计划在开头的时候制订得很不错，

但是在结尾的时候，我们却发现好多事情都没有完成，需要重新再来制订计划。在经历了一次次这样的挫折后，有些人就会得出一个"自己执行力差"的结论。

### 1. 认知不清，导致计划制订的偏差

看上去，似乎计划成败的关键并不是最初的制订过程，而是如何强悍地执行出来，拿到结果。但是，按照一份并不合理的计划来执行，那些看似偶然的问题迟早都会出现。如果要改善这样的情况，首先要解决认知问题。

如果我们对自己认知不清，就不会清楚到底有多少自己可以调用的资源。如果对计划本身要做的事情认知不清，就不会清楚完成一件事到底需要多少资源。如果对计划当中每件事的重要程度不清楚，也就会不清楚每件事对于整个目标的作用与影响，那么，势必会出现资源错配，计划执行过程中就会出现各种各样的意外。如果我们不清楚一个目标的目的和意义，就不会对可能的变动做出预估和评判，这会让我们的计划充满了变数，也让我们对于每次计划的反复受挫而感到无能为力。**这些认知的偏差，是导致计划制订出现问题的关键所在。**

### 2. 躲避困难，带来计划执行的偏差

有这样一种情况，当我们面对一些很重要，但是也很有难度

的事情时，人性中避重就轻、害怕麻烦的心理往往会让我们本能地想要躲避这些事情。于是在执行计划的时候，就会给自己找到一个合理的借口和理由。比如，告诉自己，这些重要的事情要排到最后做，这样可以集中精力。结果往往到了最后，所有的小事情、简单的事情都做完了，但是那些最重要而困难的事情却还没有开始。如果这样的情况总会发生，你就要意识到，这是一种需要克服的人性弱点。那么，遇到这样的情况，我们在计划当中就需要优先安排那些最重要，但是有难度的事情。

还有这样一种情况，计划执行中出现了一些临时的变动，这些变动影响了整个计划的推进。出现这样的情况，往往是因为资源积累不足，如果只是做一些修修补补的临时调整，你还会发现因为资源问题而出现的其他短板。一再调整，一再受阻，就很容易让人产生放弃的情绪。此时，我们可以调整策略，从计划中找出对于整个事件的推动有较大作用的事情，先做这些事情。就像是搭框架一样，把主要的框架搭起来，到木已成舟的时候，就可以让事情推动着人来做，而不会总是被这些变动所影响。

### 3. 乐观估计，徒增失败概率

另外一种情况，就是制订计划的时候，感觉万事俱备，信心满满。但是，想法虽然很好，在执行的时候，却发现计划很难实现，精疲力竭之后，发现离完成计划拿到结果还有一段距离。如果总是出现这样的情况,那我们就需要反思一下,这是不是因为我们天性中过于乐观的原因所导致?如果是这样的话,那我们就需要在一开始制订计划的时候,增大对完成每一件事情所需要的资源投入。

还有一种特别隐蔽的情况,我们在制订计划的时候,总是希望把事情做得更好,也总想完成更多的事情,于是,不由自主地就会往计划中填进去各种各样要做的事情,直到把时间占满。不经意间,这样的"期待"就会大大超出了现有资源的承载范围,我们也会因此而失去重心。到了执行的时候,又回到了开始那个"拈轻怕重"的"躲避困难"的状态,无形中进入了一个难以完成计划的循环。这其实就是我们人性当中的"贪婪"在作祟——对成就感的贪婪也是人性中的一部分。

这样的心理状态都反映了人性的弱点,当我们了解了这些之后,可以做的是,通过一些好用的工具来推动做事,绕开陷阱。比如,要求自己每次只做一件最重要的事情,把这件事情完成之后再开始做下一件事,这就克服了逃避困难,先做小事的心理。

## 二 克服弱点，正确做事

那么如何才能让工具推动人正确做事呢？制订计划并不难，难的是把计划调整到可以克服人性弱点，方便执行的状态。

### 1. 调整计划，避免过度乐观

制订计划时的乐观，可能就来自对成就的贪心。一般来说，我们在执行计划时，每件事情所需要的资源都至少是你预期的1.5倍，特别是时间资源。也就是说，如果你原计划给一件事情安排的时间资源是一天，那执行起来，可能就需要一天半的时间。对于有些乐观的人来说，可能需要2倍，甚至3倍的时间。

这样的调整是为了避免一种常见的人性弱点：过于乐观。人们在制订计划的时候，总会觉得自己可以做好多事，但是在执行该计划的时候，往往会发现资源不足。原计划一个月内能完成的目标，后来发现可能就需要两个月。

遇到这样的情况就需要做出调整，对于原有计划，要么精简掉一些不那么重要的事情，减少一些可以暂时不做的事。要么，就去增加资源或者调整资源。比如，时间不足，就可以考虑拿金钱买时间，用自己的钱去买别人的时间，让别人帮自己做那些不是必须自己来做的事情。点外卖、请保洁，都是这样的资源调整。

另外，在制订计划的时候，一定要关注每件事的重要程度。同一个时间段内，如果安排了两件以上非常重要的事，那基本上这份计划就有泡汤的风险。因为重要的事情一般都要占有一种特别重要的资源：你自己的关注度。这种资源是很难转移、切分、购买的。所以，计划中的重要事情，一定按照时间顺序安排。

### 2. 执行计划的策略

在执行计划的过程中，有些策略也非常重要，把它们写在计划的空白处，方便随时提醒自己：

第一，重要的事情要先做，也就是要事优先原则。只要有条件（比如时间充足，精力充沛），一定要做重要的事，而不要拣那些简单容易的事情做。

第二，受干扰小的事情要后做。有些事情不容易受到外界环境和资源的干扰，这样的事，可以尽量往后放。优先做那些一遇到干扰就难以继续的事情，这样可以保证整体计划的推进效率。

第三,计划中的每一件事都要尽量具体,这样执行完成的可能性才会比较高。比如,每件事都要有开始的具体时间、地点。

第四,执行计划的过程中,如果需要调整计划的话,要放在整张表里面去进行调整。这样才好进行平衡和协调。

# 三 练习：计划矩阵

结合计划制订过程中容易出现的误区，我整合了一个调整计划的工具，叫作计划矩阵。具体操作如下。

## 1. 计划时间线

根据某个年度既定目标（一个目标），列出一份详细的计划。画一条时间线，依时间顺序，把计划中必做的事件都排列到上面。

一个目标完成的计划时间线

### 2. 列出计划矩阵

其中，**横向表头**项目分别是资源1，资源2，……，资源n，重要程度，起止时间。

其中，资源1、2……换成你认为需要的资源，比如时间、金钱、人手……

重要程度，是对每件事的重要性进行评估，从一星到五星，五星最重要。

起止时间，是计划完成每一件事的开始和结束时间。

**纵向表头**，把每件事按照时间顺序列出来。

|  | 资源1 | 资源2 | 资源n | 重要程度 | 起止时间 |
|---|---|---|---|---|---|
| 事件1 |  |  |  |  |  |
| 事件2 |  |  |  |  |  |
| 事件3 |  |  |  |  |  |
| …… |  |  |  |  |  |

### 3. 调整计划矩阵

请关注以下情况，并对表格进行调整：

（1）对于重要的事情，适当增加资源投入。

根据自己平时计划的情况进行资源追加。比如，我一般会留出原计划的 2 倍资源。

（2）审视你对每件事重要程度的评级。

如果一份计划中出现了好几个重要程度在三星以下的事情，就要提醒自己注意：为什么要做这些并不太重要的事情？如果都是四星或者五星，也要提醒自己注意：这么多重要的事情，你的资源是否充足？

（3）将计划中每件事的重要程度和起止时间结合起来。

结合每件事的起止时间，看看同一个时间段内是否会出现超过一件非常重要的事情，比如五星事件。如果同一时间段内出现了多件非常重要的事情，那就要当心了，资源可能会不够用。这就需要调整。

如果有多个既定目标，就需要列出多份计划矩阵，并且把多个目标的重要事件放在一起来看。尽量保证同一时间段内，只有一个重要事件。所以，如果在一个较长的时间段内（比如，一年）有多个目标，最好把这些目标按照时间顺序进行妥善安排。

调整之后的计划，就有了更大的把握可以完成。

## 【练习中常见问题解析】

问题1：

如果一个年度计划中有好几个项目，这些项目有很多相似的步骤，并且是周期性开展的。但是这些项目没办法确定起止时间，甚至项目之间是交叉进行的。感觉计划之间会打架，这该怎么调整？

解析：

这个问题的本质是，如何面对不确定性。计划指向的是确定性，而不确定性本身就不是计划可以安排出来的。那么，我们就需要回到更大的时间维度之中，看看年度目标是什么，有什么是非常重要、必须要做的事情。这些事，就是确定性的事情，把这些事放在计划里。然后在计划中留白，用来处理那些不确定的事情。

问题2：

在计划矩阵中，"重要程度"一栏，感觉每件事都很重要，但是，如果都打五星，又感觉哪里不对。这要如何调整呢？

解析：

如果一个计划是按照时间顺序线性安排的，那就没有问题。在计划中，每一件事都很重要，才能保证计划顺利完成。

其实，在制订计划过程中，就已经分出了轻重缓急。值得注意的是，如果把几个目标的计划放在一起，而且这些计划的执行在时间上是重叠的，就会出现一个时间段内出现多个重要事件的情况。此时，就需要重新衡量资源配比了，不然，执行计划时可能会受阻。

问题3：

如果在制订计划的过程中，因为经验不足，对资源的预估不够清楚，把握不好：想要多加资源，又担心浪费；资源少了，又担心执行不到位。这该如何处理呢？

解析：

任何计划都不是一成不变的，计划只是一个保证可以开始的起点，做出当下最好的预判，认为计划可行的时候，就可以开始执行了。如果是对一些事情经验不足，分配多少资源并没有准确判断，那就作为一种风险，随时调整。或者，定时进行复盘。

回到富足人生模型，我们在做事的过程中，会获得成长。成长就是一种突破，原来未知的领域，通过做事情，获得了新知，就是一种突破。这种制订计划、执行计划、完成目标的过程，就是一个获得成就感，同时获得成长感的过程。

# 第三章

## 支持系统：
## 整合资源，把握胜算

作为社会网络中的一个节点，我们每个人要做成一件事，都不可能只依靠个人的力量。在家庭里，有家人的支持；在企业组织里，有同事和领导的帮助；在社会中，运行着的各类机构在保障着我们的日常生活。我们无时无刻不处在一个大的支持系统之中，有些看得见，有些看不见；我们也无时无刻不在支持着别人，有些是有意识的，有些是无意识的。

说到支持系统，似乎很容易理解，但是我们却经常因为缺乏意识，而忽略支持系统的存在，或者因为理解片面，错误地回应了支持系统。当我们把目光放在做事的目标上时，当我们关注成就感的获得时，支持系统，是一个必须要关注的话题。

# 一  对于支持系统的认识误区

对于支持系统，我们经常会有三个认识误区。

第一个误区，我们总会以为所谓的支持系统，就是给我们提供资源和带来便利的。这样的想法不错，但是它过于片面和狭隘。当我们认为支持系统就是单方给我们提供资源时，因为直接和功利，我们就会忽略自身资源，忽略可能与系统之间产生的互动与连接。当我们期待着支持系统就是支持既定目标，提供直接通路和带来便利时，我们就会忽略更多的机会和可能性。

第二个误区，我们对于支持系统往往是以被动的方式感知到的。只有当有人为我们提供帮助的时候，我们才会感受到，原来这就是支持系统。只有当有人对我们好的时候，我们才会感觉到，原来有人一直在支持我。这样对于支持系统的感知就太过被动了，被动地感知，让我们不会主动建构支持系统，也很难与更广泛的支持系统形成良性互动。

第三个误区，我们经常只在遇到困难的时候、需要帮助的时

**候**才会想到支持系统,而在平时,缺乏主动的维护。那么,这样的支持系统就被我们用成了一个交易系统。这次你对我好了,我要想着回报;下次我对你好了,希望将来你也能对我好一点。

以上三个误区并不是说这类想法是错误的,但会局限我们对于支持系统的理解。

#  二　建立对于支持系统的信念

对于支持系统，我们要具备以下三个重要的信念。之所以说是信念，是因为即便没有体验过，也要有这样的认识，否则很难真正调用支持系统，也很难与支持系统互动。

第一，我们之所以需要支持系统，是因为**系统可以整合远超一个人的资源**。这一认识突破了个人目标的局限，不再被动地依赖某种资源，而是通过系统力量来实现更大的目标。一个人能够把事情做成，需要自己的能力。但是随着事情逐渐做大，就不仅仅是凭着一个人有多强了，而是看这个人能整合多大的资源，包括调用内在的资源以及外部的周边资源。这时候，一定需要支持系统。

第二，**支持系统的"支持"，最重要的作用在于激发，而不是个人对系统形成依赖，甚至不是依靠系统**。支持系统是在激发个体能量，激发我们个体与周围资源的互动连接，从而通过一个系统发挥作用来实现更大的目标。如果一个人在寻找支持系统的时候是希望依赖别人的话，那一开始的出发点就错了，而在后续的过程中，一定会带来某种意料之外的损失。

第三，所谓支持系统的激发，主要有两种形式：**一种激发是支持系统可以对抗我们自己的惰性，激发内在的资源**。我们每个人都有巨大的能量，但是总会因为这样那样的惰性而难以发挥，于是支持系统的出现，就是在激发我们自己的内在能量，去对抗惰性。比如结对一起写作，结对一起健身，这就是重要的支持系统。

**还有一种激发是增加资源的可能性**。比如你遇到了一些人生当中的困难时，支持系统可能并不会直接帮你处理问题，但是，支持系统会帮你出谋划策，会给你带来心理上的慰藉，这样的激发就是在增加更多可能性。

第三章
支持系统：整合资源，把握胜算

## 三 支持系统的构成

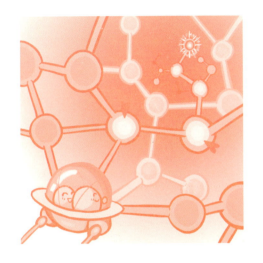

基于这样的信念，我们再来看支持系统，可以从以下四个维度来梳理支持系统中的元素：同行者、资源方、提醒物和能量场。

### 1. 同行者

**同行者**指的是和你有共同目标的人。请注意，如果我们需要建立一个繁荣的支持系统，就不能把"共同目标"局限、僵化。这个共同目标并不见得都是人生的大目标，还可以是具体的每件事情上的小目标。比如，一起健身的目标，一起工作的目标，一起娱乐的目标，一起学习读书的目标。当你用不同的目标上的同行者视角来看待周围人时，就会发现你有很多的同行者，而不是竞争者。

我们要有这样的信念，那就是，资源是充足的，至少对于多数目标来讲都是这样的。我们千万不要启动了丛林里、草原上那种弱肉强食的动物性，而把所有做同样事情的人都视为竞争对手。否则，我们将会失去作为人类的智慧，也丢掉了人类社会的系统价值。

比如，大家一起在同一个部门做事，为了拿到同样一个项目，或者为了竞聘同一个职位，有人就希望展示得更强，显示自己的功劳更大，这样把同行者变成竞争者的做法，结果就是会带来更多的内耗。缺少了系统的支持，也失去了更多发展的可能性，本来充足的资源会因此而变得支离破碎。

同行者可以是同行，可以是同事，可以是同修，可以是同好。同行者是在做同样事情或者类似事情的人，是一起修炼的，或者拥有相同兴趣爱好的人。对于同行者的认识，我们还要打破两个限制。一个限制是，不要认为只有水平能力必须一致，或者在一个水准上，才算是同行者。比如跑马拉松，有人想要跑全马，有人喜欢跑半马，有人希望跑10km，这其实都是同行者。

打破这个限制，就会让一些人不再因为自卑而不与系统连接。

另外，一定要打破同行者必须要建立密切关系的限制。有人对关系的密切程度有着自己的期待，于是他们就希望所有的同行者跟自己的关系都需要比一般关系更加密切，这其实会让自己失去很多的机会。一旦有人跟自己的关系不够密切的时候，他们就会解除同行者的关系，从而就会缺少一些支持系统。这背后是一个人对于亲密关系的过度需要，也会使一个人的交际活动范围过于狭窄。要知道，很多人只是一段人生路上的某一个目标的同行者，承担不了更多的关系诉求。更为密切的关系，是需要持续地在多维度发展起来的。

同行者在支持系统中会起到什么作用呢？至少可以有这样三个作用。

**第一个作用是**，同行者会给我们提供更多的借鉴。既然是同行者，我们在做着同样或者类似的事情，同行者做事的方法，其经验甚至是教训，都可以给我们提供借鉴。**第二个作用是，同行者还可以成为一种监督**。不管是表面上对于持续行为的互相监督，还是不经意当中指出错误，这其实都是对我们在做事情的一种监督。**第三个作用是**，同行者还可以对我们形成一种激励。同行者做得好，可以激励我们奋起直追。在这样的支持系统当中，同行者这一维度是必不可少的。

如果在你要达成目标的路上，有这样的一些同行者。那么不妨想办法，把他们打造成为你的支持系统，和他们结成联盟，互相提醒，互相监督，一起做事，完成目标。当然，也可以把他们当作潜在的支持系统，对他们保持远远的关注。具体怎么做，可以根据所做事情的特点以及各自的性格特征来进行调整。

### 2. 资源方

凡是能给你提供各类资源的人，都是支持系统当中重要的资源方。

这里要注意的是对资源的理解。资源方所提供的资源，带来的可不仅仅是金钱或者名利的机会。**更重要的资源还有信心、方法、信息、能量。** 当我们关注到这些资源的时候，你不妨看一看，周围有谁会在你情绪低落的时候给你更多的安慰？有谁会在你挫败的时候给你信心？有谁会在你遇到困难的时候给你支着儿？又有谁总会给你提供更多开阔视野的信息？还有谁总能让你感受到能量满满？那么，这些人就是你重要的资源方。

在支持系统当中建立与资源方连接的方法有很多，可以是付费，寻找专业的咨询师和专业的支持者，这样以资源换资源的方法可能非常有效，毕竟，对方是相应资源的专业提供者。还可以建立属于自己的资源库，梳理谁可以在哪些方面给自己提供资源，分门别类地放进自己的资源库。同时，注意维护与资源方的关系和连接，让支持系统中的资源足够丰富。

### 3. 提醒物

突破对人的限制，物品也可以成为我们的支持系统，提醒物就是其中之一。

很多的时候，我们做事情可能会有惰性。有时候，我们做事情会偏离自己的计划和中心，那么，此时的提醒物就是我们唾手可得的支持系统，可能比同行者更为方便。说起来，这个也不陌生，比如，把名言警句做成警示卡片，把计划贴在墙上，书桌摆上一些奖品荣誉，这些都是提醒物。

**提醒物可以提醒我们注意目标，也可以提醒我们做事情的禁忌和不要触碰的红线，还可以提醒我们正在做的事情的整体计划，由此可以增强我们的能量。**

提醒物的设计可以考虑几种形式：手边的卡片或者便笺纸，可以随时梳理调整思路，记录想到的点子，也可以备忘。手机和电脑的屏保，或者是一些纪念物、饰品，只要你赋予它一定的意义，也是对自己的激励和提醒。

比如，在书房的一角挂上一幅弘一法师的拓纸匾额：路虽远行则将至，事虽难做则必成。就是对自己的激励，每当遇到困难的时候，看到这幅字，就会想到，只要走在正确的路上，困难也就不是问题了。这个时候,这幅匾额就是重要的支持系统。

当然,还有很多其他的提醒物,包括一些重要他人赠送的纪念物。大家可以再看看身边有哪些提醒物,或者自己创造一些提醒物,把它们作为支持系统。

### 4. 能量场

支持系统中的第四个维度是能量场。虽然它说起来有点玄妙,但是又能实实在在地被感知到。

不知道大家有没有发现,在有些地方,你做事的效率总会更高,在某些场景下,你的心情总会很好,和某一类人交往,你也总能体会到正能量。这就是一种能量场,提升效能,激发能量的能量场。

同时我们也会注意到,跟某些人接触,在某些地方也会让自己丧失能量。比如,在某些社群里面总是会看到很多负面消息,感受到满满的负能量。比如,跟某些人在一起就总会听到唉声叹气,这样的能量就是一种负能量场,它一定会干扰我们的目标和行动。

这就是能量场,一种由多种元素综合在一起发挥作用的地方。我们要梳理的是,**什么样的场才是给我们增加能量的能量场**。比如,在一些咖啡馆里看书写作总会效率很高,在一些茶馆里聊天谈事总会心情愉悦，在一些健身房里运动总会效果很好。还有新兴的共享自习室，也是人们为了提高学习效率给自己找的一种能量场。

还有一种能量场，**不仅和场所有关，还和具体的时间有关**。比如，早起的客厅，傍晚的公园，深夜的书桌，这也都是提升自己能量的场。除此之外，**还有一些虚拟的能量场**，比如一些社群。如果你在有些社群里感受到能量的话，那我建议你每天刷手机的时候，去刷刷这些社群，把这些社群置顶。这些都是我们可以选择的能量场。

## 四 练习：幸运的主角

这是一个关于支持系统的练习。根据你对支持系统的理解，按照下列步骤，逐步完善这个表格。

|  | 同行者 | 资源方 | 提醒物 | 能量场 |
|---|---|---|---|---|
| 提醒思考的维度 | 可以考虑：同事、同行、同修、同好等<br>提供：借鉴、监督、激励等 | 提供：信心、方法、机会、信息、能量、物质等 | 提醒：目标、禁忌、激励、计划等 | 考虑：带来正能量的场所、时间、虚拟空间等 |
| 列举自己的支持系统 |  |  |  |  |
| 准备创造的支持系统 |  |  |  |  |
| 对支持系统进行筛选 |  |  |  |  |

1. 根据对每一个维度的解读提醒，去梳理能给自己带来支持系统的有哪些元素，列举出来。

2. 思考除了已有的这些支持系统之外，希望创造的支持系统都有些什么。

3. 在这些支持系统中进行筛选，筛选出对自己价值更大，能感受到舒服的，和自己的目标、计划结合比较紧密的一些元素，把它们选出来作为自己的支持系统。请注意：支持系统并不是越多越好。

4. 实现《总有贵人相助》的剧本。

想象自己是一个导演，用这样一个剧本拍一出好戏：让主人公生活在一个拥有满满能量的支持系统之中。

在这个剧本当中，会有一些配角，会有一些道具，这些配角和道具就是这个主角的支持系统。这个主角跟其他所有的人一样，都会遭遇困难，甚至会遇到一些风险。如果这个主角能够逢凶化吉，总能获得支持的话，你会如何设置剧本呢?

你猜到了，这个剧本的主人公就是你。把前面你总结梳理的支持系统要素都用上吧。

**这个主人公非常幸运，他有着很给力的支持系统。**

**当他遇到……就会有……来支持他。**

当他遇到……就会有……来支持他。

……

注意：设置的场景可以是过去发生过的一些事件，这样可以通过梳理过去的支持系统来唤醒更多能量。也可以设置为未来将要发生的事件场景，这样可以通过梳理来建构自己的支持系统。

【练习中常见问题解析】

问题1：

筛选支持系统，是不是要针对不同的目标来进行？感觉针对不同的目标，对支持系统的考虑会更加具体。

解析：

支持系统的考量角度就是以事为主的。其中，同行者、资源方、提醒物、能量场，都是需要结合具体的事情来看才会更容易找到具体的支持系统。当然，支持系统的价值不限于支持某一个目标的达成，或者某一件事的完成。比如，同行者本来可以一起做事，互相激励。与此同时，同行者还可能激发更多的创意和梦想。再比如，在一个能量场里，可能更容易专心聚焦，但除了做这件事之外，这样的能量场也一定可以支持你做别的事。

# 第三章
支持系统：整合资源，把握胜算

所以，针对不同目标来考量支持系统没问题，但同时也要知道，支持系统的价值不限于支持某一个具体目标。只是，我们需要知道，支持系统是以事情作为考量维度的，而不是以关系作为考量的维度。

问题2：

在梳理支持系统的时候，会发现支持系统严重不足，之前都没有从这些维度考虑过。那么，能不能把打造支持系统本身作为一个目标呢？或者说，能不能在实现目标的过程中，来打造支持系统呢？

解析：

如果之前对支持系统的维度思考得少，是一定不会梳理出太多资源的，这也正是很多人目标难以达成，计划不容易推进的重要原因。现在看到了支持系统，如果重新来看目标和计划，不妨做一个判断：是否需要把支持系统的建立放进计划里。如果想要把打造支持系统本身作为一个目标，那也要问问自己：如果能打造出理想的支持系统，我想要做什么事？我想成为什么人？

问题3：

为什么每个人对于支持系统的感觉不一样？比如，有人喜欢同行者，有人却更喜欢资源方。

解析：

这是一种很正常的表现，不同的人有不同的支持系统。差异主要取决于两个因素：一个因素是个性特征，有人喜欢与人交往，就会从与人交往中获得更多能量；有人喜欢独行，那就可以更多地借助物品和能量场来支持自己。另一个因素是目标差异，有些目标实现起来需要更多地与人合作；有些目标，可以独立完成。这些因素就决定了不同个体之间，支持系统的差异。

# 第四章

## 复盘之箭:
## 穿透过去和未来的力量

复盘,是一个源于围棋的词汇。利用复盘的方法,对工作进行盘点,也被广泛应用于团队和个人成长之中。然而,人们要么因为复盘过程的复杂而放弃使用,要么因为不了解复盘的本质而错误运用。

个人复盘,不需要像企业中的团队复盘一样,要求有复杂而精妙的设计，要求有专业的复盘引导师进行引导，而是要通过复盘产生有效的成长价值。这就需要把握复盘本质，将流程内化于心。

在工作中，很多人对复盘的理解，就只是总结。但是，复盘和总结，有着本质的不同。我认为，总结向后（过去），复盘向前（未来），**复盘的核心在于用向后看的方式向前看，复盘的本质就是一种指向未来的学习。**复盘貌似是在总结过去，实际上，复盘的结果和目的，是为了在未来能够把事情做得更好。复盘本身是一种学习的过程。

想要持续获得成就，成为富足的人，一定不能忽略一种重要的内在资源：经验。但是如何把经历转化为可以在未来使用的有价值的经验呢？这就需要在经历中学习。这也就是复盘的核心价值：在梳理和总结的过程中提升。**复盘是人类自觉自发开展的一种让智慧得以反复使用的方式。**

第四章
复盘之箭：穿透过去和未来的力量

## 一　复盘的价值

复盘区别于一般的觉察。觉察可以随时发生，更多指向情绪、状态、内在成长等与人相关的特质。而复盘主要指向事情，发生在工作过程之中。复盘一般有三种节点。

1. 在某件事情结束的时候进行复盘。比如，一个项目完成了，进行复盘。

2. 在某件事情推进过程中的一些节点可以进行复盘，特别是推进过程与计划预期不一致的时候。比如，推进得比预期的进度要慢，执行效果不如计划得好。这些情况也需要及时复盘。

3. 在某些时间的阶段性节点进行复盘。比如，到了年底，进行年度复盘，每个季度进行季度复盘等。

复盘都有什么价值呢？

工作中，在复盘时候，我们可以**看到事情进程的节点**。看到我们在一个项目中做成了什么样子，看到在一个过程当中我们走到了哪里，看到我们所做的事情与目标之间的关系。

在复盘当中,我们还会**看到节奏**。因为复盘,我们知道目前的进度,这个进度和原来期待的相比是怎样的,整体的节奏是快了还是慢了,进而可以做下一步调整。

在复盘当中,我们还可以**总结经验**。分析之前哪些是做得好的,进而梳理总结出来,在未来加以反复使用,这正是人们复盘的一个重要目的。在人类历史上,从开始的口口相传到后来的文字记录,人们都是用这样的方式,记录着经验。

在复盘中同样也可以**总结教训**。我们肯定会有些地方做得不够好,在复盘的时候,我们就可以通过梳理这些做得不够好的经历,去总结我们在未来可以做怎么样的调整,以使得目标更容易实现,效率更高。至少,通过梳理教训,可以少犯类似错误,或者探索新的做事方式。

以上这些,都是我们在复盘当中要做到的,总结起来,复盘的价值主要有四个方面。

第一个价值是,**规避风险,及时止损**。在过去的经历当中,如果我们遇到过风险,甚至吃过亏,那么在未来,我们就可以有更大的把握去规避这样的风险。

第二个价值是,**调整节奏,符合计划**。在实现目标的进程中进行复盘,可以根据过去工作中的节奏,对比原计划,可以评估节奏是快了,还是慢了。从而调整接下来的节奏,保证计划能够尽量如期完成。

**第三个价值是，找到规律，提升效率**。复盘的过程可以通过对过去事件经历的梳理，帮我们找到做同类型事情的规律，以便让我们在未来做类似事情时的效率能够更高。

**第四个价值是，发现优势，创造价值**。复盘的过程，本身就是对所做事情的重新审视。在充满热情的工作过程中，在排除困难实现突破的过程中，我们一定会焕发创造性，也会体现优势。那么，复盘的时候，把这些优势发掘出来，就可以让这些优势在未来反复使用，创造更大的价值。

以上这四个都是复盘的价值。

## 二　复盘的误区

看到复盘的价值,有人或许会诧异,自己也总复盘,为什么没感受到这么多好处呢?还有人或许会不以为然,自己也总做总结,似乎没有感觉到复盘给工作带来的影响啊。如果你也有这样的感觉,那就先来看看,自己是不是进入了以下这些误区。

复盘的时候,有四个常见的误区。

**第一个误区是,把复盘变成了一种反思,进而变成了一种批判和互相攻击。**

如果是个人针对自己工作做复盘,有可能会变成对自我的否定和批判,评价自己太笨、太懒、太贪心。如果是团队的复盘,可能就会变成不同部门、小组和人员之间的互相否定和批判,甚至会发展为相互攻击。

这是一个常见的误区。请注意,**复盘的目的是在未来做得更好,绝不是为了找出原因之后,指认责任人,更不要去惩罚那个做错的人。**奖惩制度与复盘是两回事。

个人复盘更要注意这一点，如果每次复盘都是进行自我批判，就可能产生两个后果：要么因为畏惧自我否定而不再进行复盘；要么因为自我否定而找到了可以不成长的理由。

所以，在复盘的过程中，一定提醒自己：要客观分析，不要主观评价。

**第二个误区是，复盘从深刻的主观评价走向另外一个极端，没有深入分析，只是浮于表面。**有人做复盘，只是把所做的事情进行了一次呈现，甚至将结果解读为一种必然的发生。表面上看，似乎一切都很好，但是这样的复盘并没有深入探究，问题依然存在，规律没有呈现，方法没有改良，将来也就不会变得更好。

这样的误区只是将复盘当成了一个形式，或者就只是作为一个必须完成的"总结"动作，列举做过的事情，呈现获得的结果，只是希望尽快给一件事画上句号。这并不是复盘。有效复盘的一个重要标志就是：总结出我从中学到了什么。

**第三个误区是，在总结的时候似乎头头是道，挺有道理，但是接下来并没有采取行动。**这也是常见的复盘误区，从经历中找到了提升点，这只是实践学习的一部分，这样的复盘缺了一步，没有指向未来的行动，很难让价值真正落地。

看似只是最后的一步行动，其实却直接决定了复盘的价值。复盘是为了未来做得更好，如果没有接下来的行动调整，就不可能有进一步的验证、巩固，前面的复盘就形同虚设了。

第四个误区是，在一个项目或者一件事情的推进过程中遇到问题，进行复盘的时候，人们往往会因为急于改变而创意无限，结果这样的创意不是指向接下来的行动改变，而是指向最初的决策。我们必须知道，事情推进过程中的复盘，目的是为了调整策略，完成预期计划，可以调整行动策略，可以增加资源，可以调整节奏，但是一旦复盘的内容涉及最初的目标和战略部署的时候，就要警惕了。指向计划目标的复盘，在遇到困难的时候，总想要修改目标，这样的做法势必导致混乱。想法纷乱之后，没有定论，不知道接下来该怎么做，有价值的新想法也不会得到落实。

我们一定要清楚地知道，不管是计划过程中的复盘，还是计划完成后的复盘，都不是一个决策的过程，而是一个增长智慧的过程。计划过程中的复盘，增长了更多如何在接下来的进程中做得更好的智慧。计划完成后的复盘，增长了在未来做事的时候可以怎么做得更好的智慧。但复盘是复盘，决策是决策，千万不可混淆。

**复盘之箭：指向未来的学习**

接下来我要讲到的复盘工具，我把它命名为复盘之箭。

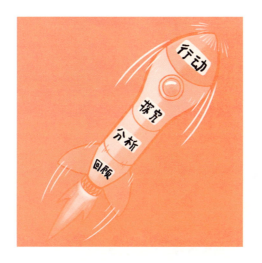

这个工具一共分为四部分，分别是回顾、分析、探究和行动。之所以称之为复盘之箭，是因为这个复盘的过程是指向未来的，是从过去穿越到未来，像一支火箭发射出去一样。

复盘之箭呈现了复盘的过程，我们分别来看这个过程的四个步骤。

第一步：回顾。回顾的时候，需要做两件事。

**第一，回顾最初的目标是什么**。回顾是对过去的总结，我们先回到复盘的原点：在行动开始之初定义的那个目标是什么。这是我们首先要回顾的。当然，有人在复盘到这里的时候，就发现了问题：并没有设定明确目标。那么，这就是第一个需要成长的地方。

**第二，回顾发展到目前的事实**。也就是回顾一下，目前进行到了哪里，从开始到现在都发生了些什么。这一步，可以用一条时间线来进行标记，然后把所有的事情按照时间顺序都罗列在时间线上。

这个时候请务必注意，不要掺杂任何的评论和解释，不要给发生的事实找原因，只需要在时间线上明确标记在什么时间发生了些什么事情，或者采取了什么样的行动。**回顾的关键，在于尊重事实**。

第二步：分析。这一步要分析三个方面：**做得好的地方，有待提升的地方，遇到困难最终过关的地方**。

**第一，要分析自己做得好的地方**。这个所谓"做得好的地方"，指的是已经完成或者超出预期完成的计划目标。这个做得好的地方，还可以指意外的惊喜。比如说在做事过程中运用了什么新方法，或者运用什么优势特长完成了目标。这些都是做得好的地方，把它总结出来。

**第二，分析有待提升的地方。**有待提升的地方指的是两类，一类是没有达到目标的地方。与原来的计划相比，有哪些节点上的目标没有实现。这就是有待提升的地方。注意，在这里千万不要先去找原因，而要去讲事实。更不要在这里去归因到底是谁的责任。事情已经过去，复盘不是为了追责。

第二类有待提升的地方，是那些虽然结果还可以，但是过程却与预期大相径庭的地方。比如有些事情比原计划要困难得多，让自己倍感受挫，虽然勉强达成了目标，但是这里面肯定隐藏着有待提升的地方。

**第三，梳理并分析那些遇到了困难，但是最终过关的地方。**在这种遇到困难最终过关的波折中，藏着很多值得挖掘的地方。方法很简单，总结过程中具体遇到了什么样的困难，描述一下最后是如何过关的。

第三步：探究。也就是探究实现目标的过程中值得学习的地方，特别是从上一步"分析"得到的总结要点中进行探究。

不管是事中复盘，还是事后复盘，这一步要有一个假设前提：**一定要在不改变目标的情况下进行探究**。特别是过程中的复盘，或者是大目标之下的阶段性复盘，暂且不要去改变我们最初设定的目标。否则，如果每一次复盘都想去改变目标，最初的目标和计划就失去了意义，很容易乱套。特别是在复盘时，如果回顾了之前遭遇到的困难和受到的挫折，会让人产生低落的情绪。如果回顾到了取得的胜利，又会产生乐观的情绪。受情绪的影响，一定不会有理性的决策。所以不要轻易去改变目标，如果确认有修改目标的必要，那也要在复盘之后，重新审视、调整最初的目标，开启另外一个决策的程序。

探究的过程主要关注以下三个点。

第一，**探究怎么做可以让事情做得更好，也就是探究提升的方法**。

一件事得到提升的关键点是什么？如果足够努力，一件事情还没有做好，那就可以考虑的是，需要丰富怎样的新资源。这种新资源，可能是新的人手、新的方法、新的信息、新的资金，或者增加更多的时间。这些都是可以让我们做得更好的提升方法，没有什么比亲自经历过之后得到的方法更为可贵。探究出来提升的方法，可以在未来遇到类似的事情时，或者在一个项目接下来的部分持续加以运用。

第二，**探究如何可以更好地发挥优势**。

在过去的经历当中，你发现自己的优势是什么？自己以为的优势要放在哪里使用才比较好？在某件具体的事情上，这些优势需要怎么做才能发挥作用？

我们经常有一些自己认为的优势，这些优势不在实践中检验，不会真正认识到它们的价值，也不会知道具体场景中其微妙的运用方式。通过实践，我们的一些优势变得清晰可见，有一些优势变得具有独特性，有一些优势找到了发挥价值的机会场景。这些，都是值得探究的地方。

第三，**探究需要防范怎样的风险**。

特别是在一个项目的过程中进行复盘的时候，一定要总结之前遇到了什么样的未曾预测到的风险，把它们总结出来。看一看在以后可以怎样规避和防范。这一点的探究对未来会更有帮助。

即便复盘不是发生在项目过程中，而是在项目结束之后，我们对于在实践中遇到的预料之外的风险，或者在具体场景中预测到的风险，都值得探究、总结，从而丰富我们的规划能力。

把所有探究的结果进行总结，呈现在一张列表里。

第四步：行动。行动就是要去梳理接下来怎么做，将复盘的成果落到实处。梳理时要思考以下三个问题。

第一，**接下来，我要做些什么样的储备和调整**。

从复盘过程中，你一定会发现很多提升点，为了将来能获得更多成就，不管是内部资源还是外部资源，都要从现在开始储备起来。

第二，哪些经验需要记住，以便在类似的事情中能加以运用。

这种行动其实是在迁移复盘中的成果。不管是需要规避的风险，还是在未来可以运用的优势，都是需要记住的，都是复盘过程中的重要财富。

第三，如果是在一个项目之中进行的复盘，那么，要思考目前距离目标有多远，接下来可以做些什么调整。

经过一番复盘之后，重新审视节点位置，为行动做准备。然后，结合原有的计划整理新的行动计划以及下一步的行动，以保证能够顺利地完成后面的进程。

到这里复盘的四步才算全部完成了。

这时候，回过头去看我们最开始说到的复盘的内涵，就会明白：复盘的核心，就是用向后看的方式向前看。复盘的本质，是一种指向未来的学习。复盘是为了在未来做得更好，复盘是为了让目标能够实现，复盘是为了发挥优势，创造更大的价值。

# 四　练习：复盘之箭

考虑一个正在做的事情，或者刚刚完成的目标，按照复盘之箭的四步进行复盘。复盘之后总结自己有些什么样的收获。

| 复盘之箭 | | |
|---|---|---|
| 回顾 | 最初的目标是什么 | |
| | 发展到目前的事实 | |
| 分析<br>（对比差距） | 做得好的地方 | |
| | 有待提升的地方 | |
| | 遇到困难最终过关的地方 | |
| 探究<br>（从具体经历中抽象的过程，<br>即你从这件事中学到了什么） | 怎么做可以让事情做得更好 | |
| | 如何可以更好地发挥优势 | |
| | 需要防范怎样的风险 | |

（续）

| | | |
|---|---|---|
| 行动 | 接下来，我要做些什么样的储备和调整 | |
| | 哪些经验需要记住 | 这种行动是在迁移复盘中的成果 |
| | （项目中复盘）思考目前距离目标有多远，接下来可以做些什么调整 | 重新审视节点，调整下一步行动 |

## 【练习中常见问题解析】

问题1：

如果复盘的目标，不是个人目标，而是团队目标，那么，在复盘过程中，是否需要增加一个团队整体视角的复盘呢？

解析：

这其实是团队复盘和个人复盘的区别。团队复盘，因为涉及维度更多，也就更为复杂，需要专人负责组织，要做好复盘前的准备以及复盘后的落实等工作。复盘过程，也是对一件事进行多维度分析的过程。这些都是区别于个人复盘的。

问题2：

在探究行动部分感觉写得比较粗，不够深刻，如何做更好的探究？

解析：

在复盘的过程中，探究是关键。在前面提出问题、发现问题之后，探究是一个将经验提炼、抽象的过程。这个过程至少有两个方面需要注意：一个方面，从做得好的过程中学习，这个方面容易做，但是经常被忽略。另外一个方面，是对做得不好的地方进行调整提升，这个比较难，需要有解决问题的框架。着眼于把问题呈现出来之后自己的局外深思：能看到的教训有什么；能看到的问题有什么；能看到的努力有什么；能看到的不足有什么。

问题3：

除了年度复盘之外，复盘的频率是怎样的？每周、每月都需要类似的复盘或思考吗？怎样把复盘和平日里的觉察结合起来？

解析：

除了按照事件进行复盘之外，任何时间阶段都可以进行复盘，但是具体的频率，就需要每个人根据自己的情况进行调整了，比如，做事多少，时间、精力安排等因素。值得注意的是，觉察可以无处不在，而复盘的对象是具体事情。

# 第五章

## 优势漏斗：
## 获得持续成就的法宝

谈到成就感的时候，我们总会思考一个问题：我们是如何获得成就感的？是靠我们不断努力获得成就感的吗？这句话太概括了，以至于有些抽象。是靠我们正确的选择吗？这句话又总会让人陷入一种不可知的无力感。

我们之所以能够不断取得成功，获得成就感，一定是在我们的可控范围内获得一个个成果，并积累这些成果。这里的"可控"，并非能力可控，而是在于我们选择了自己想做的事情，并且发挥自己的优势，取得了最终的成果。

那些能够真正成事，有成就感的人，从来不说自己很"努力"，因为他们热爱那些要做的事，不会勉强自己做事，而是期待做事，感受到的会是快乐和满足。也不会去做那些明知道不可能成功的事情，反倒是运用自己的优势，将事情做出属于自己的风格。

那么，每个人都有自己的优势吗？我们如何去打磨优势？如何发挥优势呢？

第五章
优势漏斗：获得持续成就的法宝

 **关于优势的基本认知**

关于优势，我们首先要具备以下这些基本认知。

第一个认知：**我们是靠优势取得成就，而对于劣势，我们只需要避免出现问题就好了**。关键是如何区分你的优势和劣势。如果你经过一定的训练，能把一件事情做得很好，甚至比一般人做得都好，那这就是你的优势。而有些方面你虽然掌握了正确的方法，但不管怎么做，总是比别人差很多，或者不管你怎么用心去做，也不喜欢，那这就是你需要避免出现问题的劣势所在。

第二个认知：**在我们不擅长的地方，也就是那些总容易出现问题，需要避免暴露劣势的地方，我们所要采取的策略有三个。**

**第一个策略是避免**。暴露我们劣势的事情，尽量不要做，避免进入劣势区域，消耗过多能量。**第二个策略是认真对待**。如果是一定要面对的问题，那就需要我们认真对待，做事细心，反复检查。**第三个策略是与别人合作**。我们的劣势或许是别人的优势，我们只需要和别人一起合作，优势互补就可以了。

第三个认知：**我们需要通过总结经历来梳理自己的优势，而不是仅仅凭着自我感觉来强调优势**。感觉我擅长什么，感觉我在哪方面比较熟悉……这样的感觉很容易是错觉，也很难有效发挥自身价值。只有认真总结出来的优势，才能真正为我所用。

同样地，我们需要从过去的经历中总结优势，而不能依靠一些捕风捉影的测评来草率地得出一个结论。

很多人一提到优势，就总希望通过某些测评去测一测自己在哪方面具备优势，这是一个特别糊涂的想法。原因很简单，一个测评如果真是准确的话，那也是因为你真的有优势，并且这都是基于你对自己的正确认识。如果你对自己认知不清，或者并没有做成过什么事，没有什么突出的表现，那样依靠迫选得出来的测评结果也没有什么用。

特别是那些并没有什么成功经历的人，对他们来说，即便是再"准确"的测评，做出来的结果，也只能是给自己一个心理安慰罢了，并不会对事件发展有什么影响。如果你有一些做事成功的经历，那么，亲自从过去的经历当中去剖析自己的优势，或许也会比测评来得更为精准。测评对于研究者的价值比一般施测者要大，而测评对一般施测者的最大好处就是会给你一个词语库，让你知道都有些什么样的词汇可以描述自己的优势，仅此而已。

第四个认知：**优势虽然体现在我们过去的经历之中，但往往**

也可以迁移到未来加以使用。你会发现，这些优势不会拘泥于某一个专业领域或者做某一件事情。很多优势，在褪去某个领域具体知识和技能的外衣之后，依然光彩照人。当我们让这种优势沉淀、打磨，成为底层优势的时候，它们就可以有效迁移到其他地方了。

以上四个是关于优势的重要认知，基于这些认知，我们可以运用工具对优势加以总结，进行迁移。

 **优势漏斗：持续创造优势**

优势漏斗是一个系统性的工具，涉及关于优势的三个环节。第一部分是寻找优势，第二部分是迁移优势，第三部分是创造成就。

## 1. 寻找优势

我们必须知道，寻找优势的基础是，过去你做过一些让你感受到有成就感的事情。相信我，在你有成就感的所有事情当中，一定蕴藏着你的优势。特别是那些你经过努力做成，并且在最后获得强烈成就感的事情，这说明你在这些事情当中已经积累了足够多的优势。

如果有人说，我想不到之前有些什么样的有成就感的事情。甚至有些人说，我过去做的事情都是简单的、烦琐的、重复的事情，不仅没有成就感，我都没有价值感。如果是这种情况，那就要告诉自己，从现在开始去积累成就事件，去创造成就事件。

**如果说优势是金子，那成就事件就是金矿**。如果不是一出手就让所有人都佩服的天才，我们都需要积极主动地创造成就事件，并且在其中发现优势。如果你对自己做过的事情不够敏感，我建议你开始写成就日记，每天进行记录、总结。具体做法在我的另一本书《人生拐角》中有详述，这里就不展开了。

如果能够列举三件以上自己的成就事件，那就要开始在这些事件中去分析自己的优势。这就是优势漏斗的含义——通过成就事件把自己的优势沉淀下来。

具体的方法，通过以下的几个问题来询问自己。

第一个问题：**这是一件什么事？**详细地描述这件事情的经过。

第二个问题：**为什么这件事给你带来了成就感？**

这个原因很重要，或许是因为你从来没做过这样的事，这是一个挑战；或许是因为你比别人做得好；或许是因为你得到了什么样的赞美和认可；或许这是一个夙愿的实现。不管是什么，把这个原因写出来。

第三个问题：**在这个过程中你做了些什么？**注意，这个问题与第一个问题的不同之处在于，关注你"做"了些什么。问到第一个问题的时候，你可能还在关注描述事情的经过，但是问到第三个问题的时候，你自然就会开始关注自己的行为。从行为中，最容易发现优势。当开始回答之后，还要不断地问下去：**还有吗？**相信我，这样的问题，会不断激发新的发现。不断地穷尽，会挖掘出你在做这件事情上的细节。

第四个问题：**在这件事情上，你发现有什么是自己与众不同的？**接着问下去：**还有吗？**

之所以问这个问题，是因为优势在具体行为上就会表现出一种区别。有可能是做事方法与别人不一样；也可能是做事的韧性或者热情与众不同；再或者是面对同样的问题和挫败，你的态度会与别人不同。这一点会让你逐渐发现与别人不一样的地方，正是这些点会慢慢地让你的独特优势呈现出来。

第五个问题：**在做这件事情的过程中，有没有遇到一些特别艰难的地方？你是如何做成的？**还是追加那个问题：**还有吗？**

这个问题，是进一步挖掘优势的方法。人们常说，危难之时，方显英雄本色。那些艰难的地方，也是有挑战的地方，挑战成功，正是优势发挥了作用。所以需要到那些经历艰难的地方寻找优势。问问自己，你是如何做成的？

第六个问题：直接问自己，**在这个过程中体现了你什么样的优势？还有吗？**

虽然前面几个问题的背后，都是在谈优势，但最后这个看似简单的问题，其实是又一次的强化。通过前面几步的梳理，一件可能会被忽略的事情已经被深度挖掘了。到了这一步的时候，通过直接提问，优势或许就可以跃然纸上，而且每个人还会有自己的解读。这个时候，通过总结，把它们呈现出来。

通过以上六个问题，优势应该能梳理出来了，接下来还有非常重要的一步，就是**总结**：**如果用一段话来描述你的优势，你会怎么说？**

这个问题看似重复，实则是换一种方式来调整自己对于优势的认识。真正的优势是有生命力的，这个生命力指的是"个性"，指的是"场景",指的是一个人对于自身优势的解读与表达。所以,真正的优势绝不要停留在只言片语之中,不要停留在一些模糊的词语之中,而是要用自己的一段话来描述优势。这时候你会发现你的优势是具体的、清晰的,是特别有感觉的。

以上整个过程是寻找优势的过程,如果你觉得自己很难完成的话,那最好找一个搭档来跟你一起完成。但是一定要注意,你找的这个搭档对你是充满好奇的,是鼓励你讲出所有内容的,绝不能带着否定和打击态度来跟你探讨。

### 2. 迁移优势

优势的迁移里,也有三个特别需要分析挖掘的问题。这三个问题分别从不同视角和维度来思考优势的迁移。

第一个问题:**运用你的优势,你更适合做什么样的事情?**

这个问题,是从优势出发的。

优势,当你能够将其沉淀,并且以清晰的、具体的形式呈现出来的时候,那绝不只是可以运用优势去做你过去做过的事情。那么,就打开思路问自己:如果运用这样的优势,你还适合做什么样的事情呢?

第二个问题:**在未来要做的事情当中,你可以如何发挥优势?**

这个问题关注的是未来一定要做的事情。比如你要做管理者，你会关注团队管理。你即将创业，要关注市场，关注团队。如果在这些未来的事情中，你准备把自己的优势放进去，你该如何发挥优势呢？这也是优势迁移的一个重要场景。

第三个问题：**如果要把你的潜在优势更好地发挥出来，你可以怎么做？**

这个问题更加开放和有趣，面向的是一种可能性。或许，你会发现，在寻找优势的时候，你找到了一些过去未曾关注的优势。这些优势本来就属于你，但是当下它又处于休眠状态。那这样的一个问题就会让你去思考：如果**把这些休眠中的优势唤醒**的话，你可以怎么做？这就是用优势去创造做事的机会了。

以上三个问题，就是迁移优势的三个提示维度。归结起来，就是要推动思考：如果优势能够得到很好的迁移，你可以如何运用优势？你可以做些什么事？

### 3. 创造成就

优势漏斗的第三步是创造成就。这一步的目的是直接让优势落地，发挥价值，尽快把成就变成一种现实。这里也有三个需要思考的问题。

第一个问题：**运用优势，我想做的第一件事是什么？**

这里特别强调第一件事，是因为，创造成就会让人觉得兴奋，而一旦兴奋起来，人们又总容易好高骛远，想得很多，做得很少，想得很远，无处落脚。此时，我们就可以推动自己关注运用优势做的第一件事。关注第一件事，就是脚下要迈出去的第一步。

如果能够推动自己把第一件事做成之后，就会又激发更强的热情，会对应用优势持续做事情充满了更多的期待。对优势上瘾，从刻意关注第一件事开始。

**第二个问题：运用优势做的第一件事，会呈现一个怎样的成果？**

这是一个对未来的畅想，当我们用优势做完第一件事之后，那个成果是什么？当我们能够想到那个成果的时候，油然而生的成就感就会让我们有更强的动力。而且，此时设想的成果，也正是要努力的目标。

**第三个问题：在完成这件事的过程中，我会如何发挥优势？**

这会让我们接下来的行动更加具体和靠谱，特别是，设想在未来场景之下，开始刻意运用优势了。

到这里，我们就可以开始运用优势创造新的成就了。请注意，千万不要把这个所谓的成就想得特别大、特别远，否则，很可能无法开始。最好把接下来要做的这件事设定在一周内就可以完成，你会立刻看到自己运用优势创造出来的成果。于是，就会期待完成第二件、第三件……随着所做事情一件比一件难度更大，花费时间更长的时候，你会在做事的过程中收获更多的成就感。当你深刻认同这些优势时，你就可以持续运用优势创造更多的成就了。

当你积累了足够多的成就后，过一段时间，不妨重新回来，再做一次优势漏斗的练习，再次梳理优势。慢慢地，这些优势就会潜移默化地成为你对自我评价的重要标签，你会认可自己，也会向别人这样介绍自己，由此你就真的成了一个拥有这样优势的人。

寻找优势、迁移优势、创造成就的过程可能需要一点时间，但是这非常值得去做。

## 三 练习：优势漏斗

根据优势漏斗的方法，先来寻找自己的优势，并列出下一步如何运用优势创造更大成就的计划。如果正处于工作转换期，那就继续列出如何进行优势迁移的计划。

| 寻找优势六问清单 |  |
| --- | --- |
| 先确定要进行分析的成就事件，然后通过提问，从成就事件中寻找优势 | |
| 1. 这是一件什么事？详细描述这件事情。 | |
| 2. 为什么这件事给你带来了成就感？ | |
| 3. 在这个过程中你做了些什么？还有吗？ | |
| 4. 在这件事情上，你发现有什么是自己与众不同的？还有吗？ | |
| 5. 在做这件事情的过程中，有没有遇到一些特别艰难的地方？你是如何做成的？还有吗？ | |

（续）

| | |
|---|---|
| 6. 在这个过程中体现了你什么样的优势？还有吗？ | |
| 总结：如果用一段话来描述你的优势，你会怎么说？ | |

| 迁移优势的三个维度 | |
|---|---|
| （从优势出发）运用你的优势，你更适合做什么样的事情？ | |
| （从未来出发）在未来要做的事情当中，你可以如何发挥优势？ | |
| （从可能性出发）如果要把你的潜在优势更好地发挥出来，你可以怎么做？ | |

| 创造成就：让优势落地的三个问题 | |
|---|---|
| 运用优势，我想做的第一件事是什么？ | |
| 运用优势做的第一件事，会呈现一个怎样的成果？ | |
| 在完成这件事的过程中，我会如何发挥优势？ | |

【练习中常见问题解析】

问题1：

探索优势的时候，需要找同类优势的成就事件吗？需要找多少成就事件才合适？在总结优势的时候，发现优势不能聚焦，这是因为总结的成就不够多，还是本身就是优势比较多呢？

解析：

探索优势的过程，是一个逐渐沉淀的过程。在没有沉淀出来之前，无法判断成就事件是否是"同类"。即便成果类似，但是获得成就的方法可能不同，运用的优势就可能不一样。即便是类似内容的事情，但是处理方法可能不同，发挥优势的角度可能就不同。

如果发现优势不聚焦，那有可能真的是优势太多，还没有梳理到把优势集中起来的地步。但是，更有可能的是，因为之前从未梳理过自己的优势，对优势的认知和体验都不够深入，有新鲜感。同时，一直保持着自信和乐观的状态。于是，会认为自己的优势可能比较多。其实，即便在很多成就事件中分析出来一些优势，并且对优势的总结表达也很多样。如果能更加深入地多分析一些成就事件的话，你就会发现，有些优势是真正属于自己的，有些优势其实更多地依赖外界条件，有些优势是持续存在的，有些优势只是临时呈现的。于是，就会总结出自己更为认可的"聚焦的"优势了。并且,如果持续创造成就事件,如果持续梳理优势,会发现自己对优势的理解也加深了。

问题2:

在梳理成就事件,总结优势的时候,你会发现这样的情况:有些事情可以做得很好,但是自己并不享受这个过程,这样的事算是优势吗?另外,有些似乎是优势的地方,在另外一些事情中却起了负面影响,这算是优势吗?

解析:

我们需要回到"优势漏斗"这个工具本来的目的:迁移优势,持续创造成就。如果是那些你都不愿意做的事情,是不是优势,又有什么意义呢?只是,此时需要分析的是:你为什么不愿意做可以做好的事?是因为这件事本身,还是因为环境,或者是自己的什么原因?至于那些看似是优势,却会引起负面影响的事情,也是一样的思考逻辑:为什么会这样呢?

我们不要把对自己的认知权交给别人,其实,并没有一个关于自己特点的标准答案。在探索的过程中,如果遇到了看似矛盾,解释不清的问题,我们只需要多问自己几个"为什么"就好了。毕竟,没有人比我们更了解自己。

问题3:

从一个成就事件中探索发现的优势,很难迁移到正在做的事情，或者想做的事情之中。这该怎么办？

解析：

这样的问题，一般有以下三种情况。

第一种情况，类似的成就事件积累得不够多，优势还没有真正成形。就像是你虽然挖出来一些金子，但是这些金子数量不够，这需要持续积累成就事件，让优势得以发挥得游刃有余。

第二种情况，你对想要把优势迁移过去的新事情并不十分了解，即便有优势，也不知道在这些事情中如何发挥优势。我们都知道，任何一次转换，都会有一个适应和调整的阶段。只有迈过了这个阶段，对要做的事情充分了解之后，有些优势才会有用武之地。

第三种情况，即便优势迁移不了，也很正常。不要指望用一把钥匙就能打开所有的门。如果不能把之前的优势迁移到想要做的事情中，那就不妨告诉自己，努力在一件新事件中创造新的优势。

# 第二部分
# 成 长 感

一个人在某些方面感到有所突破的时候,成长感就来了。

## 第六章

## 习惯底色：
## 主动绘出自己的生活蓝图

我们都知道习惯非常重要。为了养成一些"好习惯"，有些人读了很多书，学了很多方法，努力和自己的本性对抗。有些人或许已经对"习惯决定命运"之类的说法厌倦了，选择直接"躺平"。但是，我们还总处于一种撕扯和纠结的状态，要么因为没有养成一个好习惯而自我否定，要么因为一些坏习惯而感到痛苦。长期以来，自律似乎变成了一种枷锁，让我们又爱又恨。可是，你有没有想过，为什么要养成一些习惯？习惯在我们的生活中到底扮演着什么样的角色？发挥着什么样的作用呢？

## 一　习惯的作用

我们先来重新思考一下，究竟什么是习惯？我们不用严谨的语言去定义它，尝试换个角度来看：**习惯，就是你不用再花费精力去做选择，也自然会去做的事情**。甚至，在有些时候，我们把一件事情都做完了，却浑然不觉，这才是习惯。比如，有人有早起第一件事就喝水的习惯，有人有晚上 11 点就上床睡觉的习惯，有人有饭后立刻出去散步的习惯等。

一些事情或者动作，变成了习惯，以至于我们不用去纠结做选择，而立刻行动，不用考虑利用这个时间再去做点别的什么事情，这就是习惯。正是这些习惯决定了我们的生活基调。

习惯所发挥的作用远比你想象中要大得多。不知你有没有想过，如果一件事情需要抉择的话，我们可能还会做理性的分析。但是这些事情一旦变成了习惯，不需要花费精力去做选择和判断的时候，我们甚至都没有使用力量，也不会想到动用力量，去改变它们。而这样的习惯，却占据了我们生活中的大部分时间。就像一日三餐，不管饿与不饿，都要到点吃饭，这就是习惯的作用。

如果把我们的生活比喻成一幅画，习惯就充当了这幅画的底色。

习惯如此重要，我们不仅需要养成一些习惯，调整一些习惯。更重要的是要觉察习惯，真正意识到习惯在我们生活这幅画上发挥的作用。需要把关注点从对抗人性、养成好习惯的层面继续深入下去，更多地关注如何主动调整生活底色，从而成为习惯的主人。

结合以上这些对于习惯的认知，我创造了一个主动掌控习惯，成为习惯主人的工具。

## 主动掌控习惯

这个主动掌控习惯的工具叫习惯调色板。

工具的使用,一共分为四步,分别是呈现、觉察、调整和行动。

### 1. 呈现

呈现,就是要对习惯做梳理。梳理那些经常会做,但是觉察不到其存在的习惯。我们常说的"习焉不察",指的就是这类习惯。经过这样的梳理,才知道可以主动去做什么样的选择,去做什么样的调整。

需要通过呈现来梳理出那些不用纠结、不加判断、定期会做的事情。这些都是你的习惯。把它们找出来,这是第一步。

如何让这些"隐身"的习惯浮出水面呢?我们不妨**从两个维度来发现这些习惯:时间维度和场景维度**。

时间维度,就是去探寻那些周期性的习惯。我们以日、周、月、年为周期梳理自己的时间安排,进一步地分析,有哪些是一般会做的事情。比如一天的日常安排,每周都有的定期安排,每年年底年初都会做的事、都会列的计划……如果一时想不起来,不妨从现在开始做一些日常记录,逐步留意自己的习惯。

| 从时间维度梳理习惯 | | | | |
| --- | --- | --- | --- | --- |
| | 每天的习惯 | 每周的习惯 | 每月的习惯 | 每年的习惯 |
| 关注这些特征:<br>周期性<br>一般会做<br>不需决策<br>不加判断 | | | | |

我们再看另外一个维度,场景维度。分析看看,什么事情是你一旦进入某个场景,或者开始做某一类事一定会做的。比如,有人开始工作前,会点燃一支香;有人开始写作的时候,会泡上一壶茶……把这种带有场景特征的习惯找出来。

| 从场景维度梳理习惯 | | | |
| --- | --- | --- | --- |
| 具体场景 | 场景1(列出场景) | 场景2(列出场景) | …… |
| 在不同场景下的具体习惯 | 列出习惯 | 列出习惯 | |

通过这两个维度,去发现我们的习惯,并且总结、列举出来。然后,给每种习惯选一种可以代表它的颜色。做这一步练习的时候,最好准备一盒彩笔。

## 第六章
### 习惯底色：主动绘出自己的生活蓝图

| 习　　惯 | 颜　　色 |
| --- | --- |
|  |  |
|  |  |
|  |  |
|  |  |
|  |  |

将全部习惯梳理完毕之后，找来一张白纸，把代表这些习惯的颜色涂在白纸上。需要注意的是，白纸就是你的生活，呈现出来的不同习惯就是生活的底色，那么，在涂色之前要思考的是，不同习惯在你的生活中处于什么位置，重要程度如何，影响是怎样的……这些思考都可以呈现在白纸上。

画图的时候，请注意一点，习惯是生活的底色，这样的底色，是一种浅浅的存在。底色之上，还会有更为丰富的、颜色鲜明的活动。即便是这一抹浅浅的存在，也是我们生活蓝图的底色，直接影响了整幅生活画面的基调。

### 2. 觉察

呈现出来习惯之后，接下来就要开始对习惯进行觉察了。这一步是为下一步的调整做准备。

请觉察以下三个问题。

第一个问题，如果给你的生活底色总结出几个关键词，那是什么？

看到这些习惯，你能想到什么关键词？想想看，这是你已经达到的状态，还是正在追求的状态？这是你所期待的底色，还是说现实中自己就是这样的底色？

第二个问题，这样的生活底色对你的影响是怎样的？

这些习惯日积月累，它们会对你产生什么样的影响？这样的画面底色会如何影响一幅画？写出一些关键词，或者描述一些特点。

第三个问题，你对这样的底色满意吗？

如果这幅生活蓝图的底色只是你所期待出现的底色，而非现实中的写照，那说明你对原来的生活底色有不满意的地方，或者自身还有什么不足的地方。那你不妨想想，在哪些地方还可以改进？为什么？

如果你对生活蓝图的底色非常满意，那就请思考：这样的习惯底色意味着什么？你想要在这底色上构建怎样的生活蓝图？

### 3. 调整

有了觉察作为依据，接下来便可进入到调整阶段。

## 第六章
### 习惯底色：主动绘出自己的生活蓝图

与你所期待的底色相比，请大家思考这么几个问题。

第一个问题，在这幅画面的底色中，有哪些习惯的颜色是你想要抹去的？

比如饭后吃甜食，你涂了一抹粉红色，但你不喜欢这样的颜色出现在画面上，想把它抹去。类似这样的颜色便可以在习惯列表上标记出来。

第二个问题，在这幅画面的底色中，有哪些习惯的颜色是你想要替换的？你想要把它替换成什么样的颜色？这样的颜色又代表什么样的习惯？

比如，有些人想把晚上12点睡觉换成10点半睡觉。可以把这样的习惯也标记出来。

第三个问题，你能想到有哪些习惯的颜色是你想要增加的吗？如果增加了，你又想如何搭配？

比如，有些人想要增加每周读一本书的习惯。当这个新习惯出现的时候，它会是什么颜色？这个颜色需要和什么样的颜色搭配呢？比如，把这个习惯设定为棕色，想要一抹代表运动的绿色来搭配，那就可以在读书之后散步半小时。

最后一个问题，有了以上调整，需要再做一个微调。了解一下周边人的习惯颜色，看一看在他们的生活蓝图中有没有你所感兴趣的？有没有你可以借鉴过来调整自己生活蓝图底色的？

此时，也可以考虑把习惯进行分类，有逻辑地去借鉴别人的习惯。比如，将其分为身体健康类的习惯、日常生活类的习惯、工作类的习惯、人际交往中的习惯等。

| 习　　惯 | 颜　　色 | 调　　整 |
| --- | --- | --- |
|  |  |  |
|  |  |  |
|  |  |  |
|  |  |  |

根据以上四类问题，把所有希望做出的调整都梳理出来。

列张表格看一看，做一次筛检。

然后，重新画一张自己理想的习惯底色图。

### 4．行动

（1）对比

拿出理想的习惯底色图和当下现状的习惯底色图进行对比，找到两者之间的区别。并把这些区别写出来。

（2）探寻

找到最容易调整的地方。

找到那些一旦调整就会带动更多其他习惯调整的地方。

我们的调整一定要从最容易开始的习惯着手，一定要从那些能最大程度扰动我们生活的习惯着手，这有利于把我们所想要的生活状态变成现实。

（3）计划

根据以上的发现，列出行动计划。

关键点是：

如果调整的话，你准备从哪里开始呢？

每一种习惯的调整会给你带来什么样的改变呢？

接下来的行动是什么？

## 三　练习：习惯调色板

按照习惯调色板的四个使用步骤，对自己的习惯进行呈现、觉察、调整，并列出行动计划。

**【练习中常见问题解析】**

> 问题1：
>
> 如果之前有一种习惯，但最近因为一些原因消失了，取而代之的是另外一种习惯了。那原来的那种习惯，还可以列进表里吗？比如，原来有读书的习惯，最近因为焦虑，反而养成了刷短视频的习惯。
>
> 解析：
>
> 习惯底色练习的关键，在于唤醒对于习惯的觉察。让自己不会被习以为常的行为固化，而在对自己有了觉察之后，便可以开始进行选择和行动。这就是自身智慧的开启。
>
> 对于这样的问题，我们不妨这样觉察：为什么一个习惯会

消失？是什么力量推动习惯消失的？焦虑只是诱因，深入去想，推动习惯改变的力量，在别的什么地方还存在？比如自己是否是在逃避。由此，就可以渐渐揭开关于习惯的更深层的秘密了。

问题2：

在梳理习惯的时候，特别是在列出想要改变的习惯时，会忍不住对自己进行批判，认为自己的生活特别糟糕。这怎么办？

解析：

忍不住批判，可能是一种模式，或许会发生在很多地方。但这不重要，重要的是，批判之后，会做些什么？是不是就开始了调整？如果没有调整和行动，每一次都是批判再批判，然后停下来。那么，批判自己的意义是什么呢？这样的话，那每一次批判就只是在为自己开脱罢了，让自己可以避重就轻，不必改变。这样的觉察会带来调整吗？

问题3：

列出了习惯的调整计划，还是会担心难以养成这样的习惯，怎么办？

解析：

有时候，一份习惯调整计划，只是一种美好的期待。如果难以养成你所期待的习惯，首先要看看：你对自己的期待是不是大大超出了你的自控能力。如果是,那首先应该调整的就不是习惯,而是目标本身。

其次,重新反思:习惯养成的过程本身,就是需要消耗巨大成本的,值得这么做吗?有些事情虽然很好,但是如果没有必要长期做的话,也就不一定要养成一种习惯。集中资源,一举拿下就可以了。比如,很多人想要养成读书的习惯。但是多年过去,习惯难以养成,买了很多书,读的却很少。那不妨换一个角度,想想,读书的目的是什么?如果读书是为了提升某种能力,完成某项任务,那就可以采用专题式读书的方法,集中一个时间段围绕某个主题读上几十本书。这样做,既消除了养成习惯的烦恼,也最终达成了目标,获得了收益。

最后,如果确认要养成一个习惯,那就尽量整合除自控能力之外的更多资源来帮助自己:比如寻找提醒或监督者;定时设置触发事件;设置可以鼓励自己的奖励刺激等。这样的方法在很多习惯养成的书中都可以找到。

# 第七章

## 能量翻板：
## 低谷崛起，状态飙升

能量，这是一个听起来有些玄虚的词，但是每个人又能实实在在感受到其存在。之所以说玄虚，是因为很难用一个简单的定义来描述能量，或许它包含了知识、视野、格局、情绪、心态，或许又不仅仅只是这些。之所以可以实实在在地感受得到能量，是因为我们经常会把状态不好描述为"能量低"，也会因为一些人自然散发出来的"高能量"而愿意接近他们。

高能量，是一个人拥有富足状态的重要标志。我们渴望拥有高能量，但是，就像人吃五谷杂粮都会生病一样，我们处于喜怒哀乐的转换之间，能量难免会被各种各样的事情所影响。那么，如何拥有能量转换的能力，就成了需要我们重视的目标。

# 一 富足的能量状态

每个人都会有能量不足的时候，不管是身体，还是情绪，如果出现了能量比较低的状态，我们就像是进入了一个负能量的区域。有时候，是因为身体莫名其妙地开始不舒服，出现了亚健康的状态，或者长期高负荷工作，积劳成疾；还有的时候，因为遇到了一些刺激性的突发事件，使我们产生了愤怒、郁闷、悲伤之类伤害自己的情绪。一旦我们有觉察地感受到这些变化的时候，能量就已经很低了。

能量处于较低水平的状态，会给我们的生活带来很大的危害：在能量低的情况下继续做事情，可能效率就会比较低；在能量比较低的时候做决策，可能这个决策就会偏离原定的方向；因为能量低，可能会让我们出言不逊，伤害别人，破坏人际关系；有时候因为能量低，会导致一连串的错误，形成一种负向的旋涡反应。

在这种情况下，我们就需要让能量翻转，进入高能量状态。对于希望拥有富足状态的人来说，不仅要善于保持高能量状态，还要善于调整能量值。

## 二 让能量翻转

这里提供一个调整能量状态的工具,叫"能量翻板"。就像是在身体中安装了一个可以随时翻转的调控板,一旦觉察到自己进入了负能量的状态,立即启动能量翻板,让自己的状态发生转变。

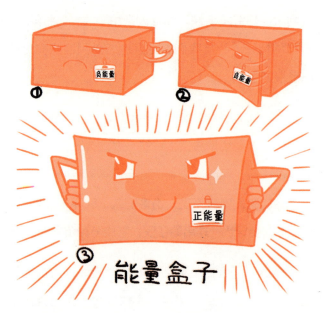

具体来说,这个工具有四个操作步骤。

## 1. 制动

制动，指当我们觉察到自己的能量状态比较低的时候，要立刻停下来正在做的事情。

这一步非常重要。如果我们任由自己的负能量状态持续下去的话，就会不可避免地进入负向旋涡反应，引发后续的连锁错误结果。当然，立即停止负能量状态，并不是一件容易的事情，比如，愤怒的、悲伤的情绪，一时很难翻转。在巨大的负能量来临的时候，我们也不要指望自己能立刻跳转，而是要开始通过行动逐步调整，就像是踩下刹车的时候，别指望立刻停车，而是不断制动，一次次调整。

具体做法如下：

此时，停下来正在做的事情，然后找一张白纸写一下此时的状态。写下这种状态的时候，我们就会对自己的现状有更加清醒的认识。也会因为把这样的一种负能量的状态描述出来了，会让自己开启觉察，准备调整。

比如，写下：现在，我的身体感到……现在，我的情绪是……

我们此时不需要寻求什么解决方案，因为觉察和直面本身，就是一种重要的解决方案。制动负能量，是一种能力，需要反复训练。慢慢地，你就会发现，出现负能量的频率降低了。

### 2. 平衡

我们可以接受每个人都会生病，认为这是必然发生的人生故事。那么，我们也就要像接受生病一样接受随时出现的负能量，接受我们生而为人，多数人并不完美的事实。

如果因为觉察到你的身体、情绪进入了负能量状态，而让你开始对自己有更多有意无意的自我否定和自我攻击的话，那只能对你造成更大的伤害。而平衡这一步要做的就是一定要告诉自己允许能量不足的状态出现，避免陷入更多自我批判的内耗之中。

方法很简单。在刚才的能量状态表达下面如此写道：**我允许此时的状态发生，我需要暂停一下**。这是一种对自己负能量状态的允许，只有允许，才有可能化解。而不允许又解决不了的问题，就可能化作指向自己的利刃，让自己变得自怨自艾。不允许自己出现负能量，就会停滞不前，和负能量纠缠在一起。允许了，就是放过了自己，就能够继续向前，去解决问题。

### 3. 翻转

翻转，即能量翻转。这一步是立即启动对你有用的，可以跳出负面能量状态的方法。

我们每个人都会有一些特有的方式能够让自己高兴起来，忘掉烦恼，享受其中，也会有一些方法调整身体，修复状态，让自己身心愉悦。这些都是让能量得以翻转的法宝。我们平时多储备一些这样的方式，把它们记录下来。在能量出现负面状态的时候，及时调用这些方法，从中选择一件可以立刻开始的事来做。

比如有人在状态不好的时候会去跑步，有人会去冥想，有人会去喝茶，有人会去睡觉，有人会去爬山，有人会去约好友吃饭。对于我来说，稍微感受到自己不在状态的时候，我会站桩，也会慢跑。如果希望自己摆脱萎靡的状态，我会坐下来喝茶。而当我情绪不好的时候，我会强迫自己到一个风景优美而且开阔的地方去，海边、河边、山上、公园，去散步。

这一步很重要，能量翻板的制动和平衡，是跳出负面能量的控制，而翻转就是让自己能够完全脱离负能量状态。请注意，**平时要多储备一些对自己有用的调整状态的方法，记录在"能量翻板"卡片上**。这些方法一旦调用起来，就像施了魔法一样，可以让我们迅速地从能量低的状态中翻转过来。

### 4. 回归

当我们进行了自我调整之后，充满了电，需要再回来，回到原来工作和生活的正轨上来。**富足的人并不是一直处于高能量状态，而是善于调整自己，减少负能量给自己带来的损耗**。我们允许自己的能量状态存在波动，但是不要让低能量状态一直持续，甚至成为一种一直不开启新起点的借口，沉湎其中。

当情绪状态有所改善，重新回来时，要反思以下三件事。

**第一，触发负面状态的关键点是什么？**

**第二，在这件事情中，我学到了什么？**

**第三，下一次，我可以怎么做？**

当把这些问题都梳理清楚以后，就会将这一次带来负能量状态的事件转变成一个有价值的事件，没有浪费一次成长的机会。

此时，就可以回到原来的停止点，重新开始做事情。

最后，我们必须知道，能量翻板适用于一般情况下我们遇到的负面能量状态转换，是一个自助工具，而不是万能工具。如果有人出现了身体疾病，或者陷入比较严重的情绪负能量状态，难以自拔，那一定要求助于专业的咨询师或者医生。

# 三 练习：能量翻板

1. 把下面这张表格打印出来，每到能量不足的时候，就可以通过填表来帮自己调整状态。

| 能 量 翻 板 | |
|---|---|
| 制动 | 写下来此时自己的感受。比如：<br>现在，我的身体感到……现在，我的情绪是…… |
| 平衡 | 写下这样一句话：<br>我允许此时的状态发生，我需要暂停一下。 |
| 翻转 | 找到自己的能量翻转卡片，选择其中的一张，立刻开始。 |
| 回归 | 能量提升之后，重新回来时，反思三件事：<br>第一，触发负面状态的关键点是什么？<br>第二，在这件事情中，我学到了什么？<br>第三，下一次，我可以怎么做？ |

2. 平时多储备一些可以迅速调整自己能量状态的"魔法方法"，做成翻转卡片，还可以配上好看有趣的图，让自己一眼就能看明白。

## 【练习中常见问题解析】

问题：

当自己处在低能量状态时，尝试用能量翻板四步法中的第三步翻转时，有时还是会掉回原来的负面情绪，难以抽离出来，接下来就会心不在焉地做翻转调整了，这种情况该怎么办呢？

解析：

如果遇到负能量比较大的时刻，翻转不过来，也是很正常的。工具不是万能的，痒痒挠有痒痒挠的价值，但是把痒痒挠当作铁锹使用，那可能就不合适了。首先你也得接纳这种你翻转不过来的状态，接纳工具的局限性。

第二点，这个工具的四个步骤是环环相扣的，如果制动和平衡没做好，到了第三步，肯定也是翻转不过来的。到第三步，如果做了调整，能量还是难以提升，所有行为都浮于表面的时候，就需要问问自己：前面的制动让负面情绪停下来了吗？

比如，你特别愤怒的时候，是否让自己的愤怒停下来了？如果还一直在发火，一直在抱怨，一直在悲伤，一直在痛苦，那后面不管做什么，都是带着负面能量在做，都是没有制动的。此时，你并没有在运用工具，而是陷入了负向能量的旋涡反应。此时，对于陷入旋涡的你来说，工具就像溺水时顺手抓到的一把稻草，虽有指望，却不能救命。

第三点，假如，处于负面能量的你，难以制动怎么办？也有办法，那就是把时间限度拉长。本来预计五分钟就可以完成制动的，现在可能需要一小时才能停下来，那就多给自己一点时间。当然，如果给足了时间，依然难以制动，那就如前面所说的，接纳。工具的局限性也要接纳，毕竟，不要奢望一个工具可以处理所有相关问题。

除了这些之外，还要觉察以下问题：自己为什么会停留在负面状态当中？这样做，对你的意义是什么？有的时候，一个人并不是走不出负面能量，而是不愿意走出来。让自己待在负面情绪里面，对于当时的你来说，可能会更有意义，更有价值。

# 第八章

## 学习雷达：
## 开启对于世界的探索

如果说成果是经过努力之后拿到的一个又一个结果，那么成长就一定发生在取得结果的过程中。如果说成长感是一种拿到外显成果之前就已经出现的内在感觉，那么学习就是获得这种内在成长感的必经之路。

随着人类知识更新迭代的速度越来越快，随着多元化世界精彩纷呈地不断发展，终身学习，已经成为现代人必需的一种生活方式。然而，人们经常在学习中迷失，进而焦虑：为什么学？学什么？学多少？

**拥有知识本身，不一定会让人感到富足，而拥有很多获取知识方法的人，一定是富足的。**对他们来说，人类的知识就像自家果园的果子，随时可以摘取。**做出过成就的人不一定会一直感到富足，但是持续学习的人，一定是富足的。**对他们来说，这个丰盛的世界对他们是永远敞开的。

## 一 成长的两种学习方式

我们的成长离不开学习。

成长有两种方式，**一种是在实践中提升自己的能力，调整认知，获得更多的成就，从而跨越困难，在实践过程中获得成长。**这种成长，有能力的成长，有认知的成长，有状态的成长，等等。在这个过程中，做事是主动的，学习是从属于实践的。为了完成一件事，而有目的地获取信息，磨炼技能，提升自己。在这个过程中，可以采取搜索信息，读书，参加培训，向别人请教等方式。

**另外一种成长方式是相对更为主动的学习。**没有事件驱动，也不需要有待完成的明确目标或者工作任务，而是保持一种持续主动搜索学习目标的学习状态。通过学习获取更多信息，在这个过程中，自然会发生内在激荡和变化，进而带来更多的成长。

不管是在实践中学习，还是无明确任务目标的主动学习，成长会在这个过程中，通过外部媒介的推动而自然发生。

说到学习，我们一般都会关注学习的方法。诚然，有效的学习方法可以提升学习效率，这是一门大学问。除此之外，我们一**定不能忽略的，就是要关注学些什么，也就是我们需要获取什么样的信息**。即便是在信息获取如此便利的时代，我们也会常常陷入信息茧房的困境里。所谓"信息茧房"，指的就是因为兴趣使然或者算法操控，人们被一些特定方向的信息所束缚，视野受到了限制。可以说，你所获取的信息左右了你的决策，也左右了你的处事方式，左右你的方向，也左右了你的成长。

##  学习中要规避的错误信息

我们获取信息的过程,就像开启了一个雷达,持续扫描信息。所以,我把这个制订学习计划的工具叫作"学习雷达"。学习雷达的作用,就是帮助你有方向有规划地收集信息,展开学习,尽可能打开成长的视野。

使用学习雷达之前,首先要进行校准。之所以需要校准,是因为人在学习过程中常常走向收集错误或垃圾信息的误区。一旦陷入该误区,我们会收集大量的无益于成长的信息,白白浪费我们自己处理信息的资源,比如,时间、金钱、精力。甚至,在我看来,学习中花费的最大成本是走上一条错误的道路,还越走越远。

学习雷达的校准,其实就是学习素材和学习方向的筛选,就是避免进入某些学习误区。在我看来,最大的学习误区就是"贪婪"误区。因为贪婪,我们就会期待通过学习能够速成,总想走捷径,甚至有人总想不劳而获,这样的贪婪就很容易"扫描"到错误的信息。

比如，因为贪婪，想走捷径，就会关注一些可以"速成""稳赚""秘籍"之类的方法论。但是如果深入探究下去，会发现，这样的"方法论"只是一种未经检验的个人观点，那些噱头也不过是对于贪婪的投其所好。

那么，如何做到尽量少出错呢？有一个基本的原则：**让有意识的理性战胜无意识的贪心**。比如，你多问自己几个问题：我选择这个的原因是什么？真的是这样的吗？可以证明的方法是什么？只要回归了理性，即便不会发现真相，也能避免掉入误区。

有人又会因此而期待能够具备可以鉴别价值高低的"慧眼"了。其实，鉴别能力是需要在实践中积累的，走偏是这个过程中不可避免的小错误，我们要注意的关键是多去学习，善于总结。

除了避免扫描到错误信息，我们需要对学习的内容有一个大概的框架性的方向。从生涯视角看，从学习和成长的目的性上看，如果能围绕框架进行信息扫描，我们获得的信息可能会更为有用和精准，同时，因为这些"正确的"信息占用了我们的资源，就会减少扫描到"错误的"信息的机会了。学习雷达就为我们提供了这样一种框架。

# 三 学习雷达的三个维度

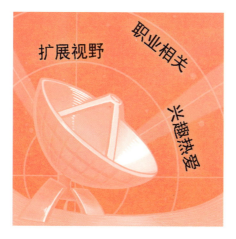

学习雷达的框架有三个维度。

**第一个维度,是与职业发展相关的信息。**

与职业发展相关的信息,也可以继续细分为三类。

## 1. 与专业技能提升相关的信息

专业技能与本职工作密切相关,比如工程师的专业技术等,这个自不必说,每个人都知道自己的专业。这方面的信息,可以从书中获得,可以从培训中获得,可以从交流请教中获得。如果是一个新入行的人，**一定要听前辈的推荐**。如果不同人推荐的信息有差异，那就不妨听听背后的推荐原因，多听几个人的意见，自己再做判断。

### 2. 与通用技能提升相关的信息

所谓通用技能，就是一般来说各个职业都需要具备的能力，特别是与人交往的能力，比如沟通能力，表达能力等。这方面的信息获取，**一定要注意多找人，不要沉迷买书**。花钱买书、买课，是一种更容易做的事情，而这些通用技能的提升，难点不在于买书买课，难点在于真正掌握这样的能力，并可以用于实践。读书当然也很重要，但是更要注重实践。与人打交道的能力，一定要在实践中学习。特别是找到合适的榜样很重要，在这个方面要多向人学习。

### 3. 与下一人生阶段所需的能力的提升相关的信息

这是一种生涯视角：每个人都需要为下一个人生阶段做准备，特别是能力的准备。比如，一个专业能力很强的职场人，就要考虑提升自己的团队管理能力，为下一阶段的晋升做准备。再比如，一个四十多岁的职场人，就要考虑发掘自己热爱的领域，为将来更为自由的生活做准备。只有每个阶段都做好了准备，人生才会更加从容。

**第二个维度，是与拓展视野相关的信息。**

与职业相关的信息，是为了获得持续的成就感。然而，人生不仅仅只有工作。我们的学习雷达要足够打开，**收集更多信息，**

让人生增加更多可能。所以，第二个维度就是要主动扫描与"拓展视野"相关的信息。

收集这个维度信息的关键，简单说，就是一句话：**收集跨界入门经典**。为什么要了解跨界入门经典的信息呢？跨界，意味着信息的多元性。经典，保障了信息的可靠性，而不是胡乱输入一些二手三手的片面解读的信息。同时，最好是获取入门类的信息，因为这能保证收集信息的效率。既然已经跨界了，那就先入个门就好了。

这一类信息，更多的是书籍，也可以是一些经典课程。每个领域都有一些经典入门书，这是打开视野的重要路径。所谓跨界，**就是超出你所在的专业领域**。所谓经典，**就是经得起时间的考验**。如果有些领域比较新兴呢？那就读**公认权威的书**。社会、人文、政治、经济、历史、生物、天文、地理、建筑等，跨出自己的专业领域，总有一些信息是你很少涉猎或者闻所未闻的。在这些跨界领域，你不一定要成为专家，而是要尽可能多地去了解，这会拓展你的视野。

有一个拓展视野的好方式，不妨慢慢将其培养成习惯：逛实体书店，特别是综合类书店。虽然现在网购非常方便，但是网购往往是有方向性的，有目的性的，出现的推荐书目也很容易受限于自己过去的兴趣爱好。但是逛书店的时候，你一定会有这样的感觉：竟然还有这样的书！经常逛书店，本身就是一种对视野的拓展。

**拓展视野，很难带来直接的功利价值，但是又会带来特别直**

接的成长价值。这个世界是客观的，但是世界在每个人脑海中的映射又取决于大脑中存储的信息。于是，存储的跨界信息越是多元，你对世界的理解就会越深刻。这个维度，是每一个追求成长的人都需要关注的。

**第三个维度，是与你热爱领域相关的信息。**

说到这个维度，可能有人的第一反应是：我没有什么热爱。如果是这样的话，这个维度就更需要主动发展了。

一个人热爱的领域有很多种表现：有时候，人们热爱的或许就是本职工作，但又不会满足于现状，不会满足于按部就班，而是希望有更多的创造。有时候，人们热爱的领域在职业外，虽然没有稳定的价值回报，但是依然保持着痴迷的状态。还有的时候，有些人想要发展的热爱领域，就只是弥补一下自己曾经的遗憾。童年的时候没有做的，没有机会玩的，这时候也可以发展一下。

发展热爱领域的目的，你可以说是为了娱乐，也可以说是为了陶冶情操。但是，玩着玩着，就会发现，你离不开它了，玩着玩着，你就开始很认真地对待它了，这才是热爱。**热爱的领域，是让我们作为一个人，变得更为鲜活**。在热爱的领域中，你更得需要找明白的人，看明白的书。如果看错了书，找错了人，或许你会因此而丧失一种可能性。

以上是学习雷达要扫描的三个维度。

##  制订学习计划的三点注意

学习雷达提供了一个框架,解决了学什么的问题。在制订学习计划的时候,还要注意以下三点。

### 1. 不同阶段,有所侧重

每个人在不同阶段学习的重点会有所侧重,因为资源有限,学习计划不能平均用力。

比如,对于一个三十岁左右的职场人来说,职场相关的信息就是必修课,不仅要每日必修,还要持续实践来验证并获得真正的职业能力提升。而拓展视野的信息,可以作为定量来做的选修课,一个阶段选择一两门选修课。兴趣爱好就可以作为调剂,安排在假期,慢慢地培养出一种特别的热爱。

### 2. 关注学习伙伴,也就是一起学习的人

不管是对孩子还是对成年人来说,学习伙伴都非常重要。他们能否给你更多的经验分享?能否激发和开拓你的视野?是否可

以让你有更多的好奇和热情？这些都是需要关注的维度。

### 3. 关注学习的平台

最容易想到的学习平台，可能是参加的培训机构或者手机中每天打开的 App，但是千万不要忽略了工作所在的组织，以及各类社群。另外，这些平台除了知识之外，是否可以给你提供更多的支持和辅导？是否可以让你更有能量？是否可以释放更多机会？这些也都是需要关注的维度。

## 五　练习：盘点学习雷达

盘点并填写自己的学习雷达表。

| 与职业发展相关的信息 | 与拓展视野相关的信息 | 与你热爱领域相关的信息 | 计划重心 |
|---|---|---|---|
| 专业技能<br>通用技能<br>下一步规划 | 跨界、入门、经典 | 因为热爱，更加鲜活 | 这个阶段，你的重心是什么 |

**【练习中常见问题解析】**

问题1：

通过学习雷达的梳理，发现年度计划都需要修改了，这样有问题吗？

解析：

使用学习雷达的目的，就是为了通过梳理学习目标和方向，更有效地实现生涯任务。如果因为使用了学习雷达而澄清了要学习的内容，调整了目标，避免了资源浪费，这当然是好事。不过需要注意的是，如果要修改年度的目标和计划，还需要把所有的方面都考虑到,做一个全盘调整。不能因为使用了一个工具,发现了一些问题,就立刻做片面调整。

问题2:

对有些人来说,写作技能似乎是专业技能,比如作家。而对于很多岗位来说,写作技能更像是通用技能,比如职场写作。这个如何区分呢?

解析:

有一个简单的区分方法:就是看是否要将这项技能作为重要的工作成果进行交付。

比如,职场写作,本质上是职场思维的训练,至于写作本身很容易就能学会。而对于作家来说,作品就是重要的工作成果。那么,写作就是作家的专业技能。类似的还有,演讲、表达技能对于培训师、主持人来说是专业技能,但是对于一般职场人来说,可能就是通用技能了。

问题3:

如何区分跨界呢?生涯教育都包含什么?生命教育算不算生涯教育?自然教育算不算生涯教育?

解析:

要看到,生涯教育的本质是教育,而"生涯"只是提供了一个视角。明白了这一点,就不会对于如何区分跨界有什么纠结了。生涯教育可以包罗万象,如果你能把某一个领域用个体生涯发展视角进行解读的话。如果你希望有所侧重的话,生涯教育也可以聚焦在某些方面。

关键是:对跨界进行区分的目的和意义是什么?对于初学者来说,先了解基本的生涯理论就可以了,然后和教育实践结合,过程中再根据出现的实际问题逐步拓宽涉猎领域。你会发现,所谓跨界,也是有阶段性的。

# 第九章

## 生命脚本：成为你爱的自己

我们谈到成长的时候，绕不开自我突破，那么，突破什么呢？自我突破，**突破的既是先天的条件，也是后天的限制。**

所谓突破先天的条件，并不是指突破人类的生理极限，而是在不断学习与训练中，开发出之前所没有的能力和认知，这是每个人都可以做到的：原来不会的，现在会了，这就是自我的突破，就是成长。

还有一种难度更高的成长，就是突破后天的限制。什么是后天的限制呢？**在人生历程中，有意无意之间，我们会被加上很多设定，这些设定影响着我们的决策，束缚了我们的自由，让我们难以发展出更多可能。**困难在于，对于这样的束缚，我们经常却毫无觉察。

第九章
生命脚本：成为你爱的自己

# 一　毫无觉察的生命脚本

有些事情不知道你有没有认真地去想过：为什么有些人有不少资源，也可以联系很多人脉，可以组建团队，却非要单打独斗？为什么有些人努力参加各种社交活动，但却处处像一个小透明，不被人重视？为什么有些人总是把工作拖延到最后一刻才会提交？为什么有些人明明心肠火热，却总被别人误解？为什么有些人明明很有经验，却总做不出成果？

有人说这是能力使然，有人调侃这是造化弄人，然而，在这些看似不太容易理解的事情背后，往往隐藏着一个特殊的秘密：**我们每个人都像一个剧本中的角色，似乎在被一种力量控制着，需要按照设定好的人生脚本来演绎。于是，所有事件的发生都像是天经地义的了。**

我们不妨猜测一些可能的生命脚本。

那些有不少资源却非要单打独斗的人，他们的生命脚本可能是："我是一个特别自强的人，必须要靠自己，否则就是投机取巧。"于是,他们刻意回避资源,刻意与有资源的人保持距离,不愿意抓住哪怕是对所有人都非常公平的机会。同时还要证明自己是厉害的,但就是不愿意与人合作,特别是不愿与那些和自己能力相当、优势互补的人合作。单打独斗,就成了必然。

有些人努力参加社交,却总像一个小透明,不被别人重视。这些人给自己的生命脚本可能是:"我就是一个不受重视的人,我就是一个不够好的人,所以,我要把自己藏起来。"带着这样的脚本生活,即便这些人貌似在参加很多社交活动,却总是在交际的时候,无意间把自己给隐藏了起来。

那些总是爱拖延,虽然有能力完成,却要在最后一刻才去提交结果的人,他们给自己的生命脚本可能是:"我很厉害,我能搞定一切,所以只有在最后的关头提交,才能显示出来我力挽狂澜的本事。"

那些明明心肠火热,却总是被人误解的人,他们给自己的生命脚本可能是:"我就是秉性耿直,只有直来直去,才能显示出来我的真诚。"带着这样的脚本,说话让人感觉不到温暖,怎能不伤人?

那些明明很有经验,能力也很强,却做不出成果的人,他们给自己的生命脚本可能是:"只有爱显摆的人才会向别人显示成果,我是一个谦虚而有实力的人,我需要被别人发现。"于是,即便话都到嘴边了,他们也不会展示自己的成果,甚至在将要完成一件事之前,就退缩了。

我们看,如果带着这样的脚本去生活,那么一个人即便拥有了资源、天赋、人脉,可能也难以成功。所以,想要做一个富足的人,一定要打破这样的限制。

美国的精神病学家艾瑞克·伯恩说,脚本分析的目的在于结束当前这场表演,换上另外一场更加精彩的演出。在我看来,**我们之所以要分析自己的生命脚本,就是为了打破一种莫名其妙的魔咒,让我们每个人都能成为所爱的那个自己。**

## 二　改写生命脚本，重塑自我

生命脚本这个工具，就是通过有意识的觉察，改写生命脚本，从而实现自我重塑。具体运用起来一共分为三步，分别是分析、改写和重塑。

### 1. 分析

如果想要重塑自我，一定先要分析自己的生命脚本，而分析之前，就先得觉察出来自己的生命脚本是什么。

我们经常会给自己一些暗示，一些评价。这些评价和暗示，如果不认真考量，都不容易发现，这就是生命脚本。**生命脚本常见的呈现形式**往往是这样的：

我是一个……样的人。

我就是这样的……

我就是擅长……或者，我就是不擅长……

请大家觉察一下，在你的生活当中是否有意无意地给自己设定过这样的脚本。注意，这样的评价无所谓好坏，就只是生命脚本而已，**不要对此做评价**，我们先把他们找出来、写下来。

然后，**针对这些生命脚本，开始更多的觉察**：

这样的生命脚本是什么时候出现的？

与这个脚本相对应的，平时你是否有过一些固定的行为模式？

在这样的脚本之下，你的命运如何？

注意，**觉察的时候，也不要做评价，更不要去指责别人。**

以我自己为例，我发现自己曾有的一个生命脚本就是："我是一个笨小孩,所以,需要非常勤奋才可以。"这个脚本是小学的时候,父母和老师告诉我的,或许他们只是希望我能够努力用功学习。而我,在这个脚本里关注的就只是"笨小孩"。在这样的脚本之下,做同一件事,我会比别人付出更多的努力。同时,我还不会接受一件事太过轻松地完成。即便是可以很快完成的事情,我也要反反复复地多做好几遍,因为我一直告诉我自己,我是一个笨小孩,不能这么快。在这样的脚本之下,我取得了很多成绩,也失去了很多机会。

再比如,我另外的一个生命脚本:"我是一个五音不全的孩子,所以我在音乐方面毫无天赋。"这个脚本大概也是小学的时候出现的,因为惧怕音乐老师,所以每节音乐课都小心翼翼,没有享受过音乐。不知道什么时候,我就认为自己与音乐无缘了。在这样的生命脚本之下,我会放弃所有与音乐有关的活动。后来自己尝试着学乐器,也都是半途而废,一旦遇到困难,脑海中就会出现那个"在音乐方面毫无天赋"的评价。

大家可以按照类似的格式,写出对自己生命脚本的分析。

### 2. 改写

现在,我们不管这些生命脚本是从哪里来的。我们不再需要去分析它的来源,或许它来自童年,来自父母,来自老师,来自

## 第九章
### 生命脚本：成为你爱的自己

一个陌生人……不管你发现的生命脚本是从哪里来的，请问问自己，现在你是否愿意创造更多的可能呢？

一定要回答这个问题，要告诉自己是否愿意改写生命脚本，是否愿意创造更多可能。这是一个对自己的**承诺**，这是开始改写自己命运的开端。

如果想要改写生命脚本的话，那接下来该怎么做呢？

- 找到那句你愿意改变的生命脚本，把它划掉。

- 然后，告诉自己：那并不是我，那只是一种生命脚本罢了，我可以换种方式生活。

- 对自己说："或许，我还可以是这样的……"然后，在划掉的脚本句子后面写出你自己期待的样子。

这里请注意！

**写出自己期待的样子，绝不是跟原来的生命脚本对抗，只是为了增加一些可能性，为了过上一种你所期待的生活。**

在写新的生命脚本时，一定要注意：这个新脚本，不是一句评价，不是一个判断。这与原来的脚本完全不同。原来的脚本说你是什么人，可以做什么，这样的评价是特别确定的，而**新的脚本只是一种好奇**。

- 接下来继续写：如果是这样的话（新的生命脚本），那么你会怎样？请根据你前面的脚本写出具体的行为。

请注意，这样的行为可能不止一个。

举两个例子，如果改写前面我的两个生命脚本，可以这么写。

改写关于"笨小孩"的脚本：

或许我并不是那么笨，很多时候我已经足够勤奋了，在有些事情上，我比别人做事的效率或许更高。在有些事情上，我也挺聪明的。那么我不需要反复求证，不需要瞻前顾后，不需要顾及别人的看法，或许在做有些事的时候，我可以更快速地去完成工作。

那么，在这样的脚本之下，接下来的行为是，每件事我会评估难度，设定好截止时间。我还会挑战更多之前自己认为的不可能。

改写关于"五音不全，没有音乐天赋"的脚本：

或许我也是有一定音乐天赋的，或许我可以从学习乐器开始。虽然很难，但是，对于我来说，可能并不比别的技能更难。我可以开始用心地听音乐，然后讲出自己的感受。我也可以尝试不同的乐器，在有些乐器上我或许可以学得很快。

那么，在这样的脚本之下，接下来的行为是，我可能探索不同乐器，我可能会找一个专业的老师，我可能会寻找一个业余的社团，我也可能会从了解一些音乐家的故事开始。

### 3. 重塑

重塑，就是按照你爱的样子来写剧本。与改写不同，重塑立足于新的建构，而不是在原有的脚本之上修修改改。重塑，有着更强大的自我觉醒的力量。

**请看着镜子中的自己。和自己对话：如果我会爱上自己，那是因为什么？**

把这些特点写下来。注意：**爱上自己的原因并不是因为自己贪婪地拥有什么，而是这个人值得爱。**

**看着这些特点，问自己：**

**如何能看出我有这样的特点？写出生命脚本。**

**根据生命脚本，写出具体的行为。**

然后，根据这些脚本一个一个地开始做起来，时间久了，你就会重新塑造自己。

比如，爱自己，是因为有自信、乐观的特点。

如何能看出来这些特点呢？可能是因为这样的生命脚本：

我是一个非常自信的人，做事时，总会胸有成竹。危急时刻，总是有办法。

我是一个非常乐观的人，对任何一个负面事件，总能发现其积极的方面。

具体的行为呢？

我做事之前会有计划，每件事会有复盘调整，会不断积累成就事件……

行为越详细，就越容易建立起来对于重塑生命脚本的感觉。重塑生命脚本这一步，有些高级，需要更多的创造性和想象力，还需要更多对于改变必将发生的信念。这并不是每个人都能做得到的，如果写不下去，不要勉强，等有新思路的时候，自然就可以写出来了。

# 三 练习：调整生命脚本

通过分析、改写、重塑三个步骤，找到并调整自己的生命脚本。

| 生命脚本 | | | |
|---|---|---|---|
| 分析生命脚本 | | | |
| 发现生命脚本 | 觉察 | | |
| | 这样的生命脚本是什么时候出现的？ | 与这个脚本相对应的，平时你是否有过一些固定的行为模式？ | 在这样的脚本之下，你的命运如何？ |
| 脚本1 | | | |
| 脚本2 | | | |
| …… | | | |
| | | | |

（续）

| 改写生命脚本 |||
|---|---|---|
| 承诺：是否愿意改写生命脚本，是否愿意创造更多可能 |||
| 找到愿意改变的生命脚本 | 我可以换种方式生活 | 如果是这样的话，那么你会怎样？根据改写的脚本写出具体的行为 |
|  |  |  |
|  |  |  |
|  |  |  |

| 重塑自我 |||
|---|---|---|
| 和镜子对话：如果我会爱上自己，那是因为什么？ | 如何能看出我有这样的特点？写出生命脚本 | 根据生命脚本，写出具体的行为 |
|  |  |  |
|  |  |  |
|  |  |  |

## 【练习中常见问题解析】

问题1：

在梳理生命脚本的时候，发现有些生命脚本好像有两面性，既给自己带来了价值，又会让自己受到束缚。这样的生命脚本需要改写吗？

解析：

生命脚本有两面性这点非常正常，一个一无是处的生命脚本是不会存在的。而我们要修改的是对我们产生了束缚的脚本。即便是同样一句话，在不同人那里也会有不同的理解角度。有些生命脚本之所以会对我们产生制约和束缚，最根本的原因，在于减少了可能性，把我们禁锢在一个模式里。如果可以打开这样的禁锢，很多生命脚本本身并无好坏。

问题2：

在梳理的过程中，发现了几十条隐藏的生命脚本，如果觉得有必要，都需要改写吗？

解析：

这个工具最大的价值还不在于改写脚本，而是觉察。当你觉察到自己的生命中正是因为有了这些脚本，才会出现那样的命运时，你要做的是先松一口气，而不是立刻修改它们。觉察是一种主动，开始觉察到生命脚本的时候，我们就从被动受制于一种别人无意中施加的生命脚本开始变得主动了。就像是有机会站到了镜子前面，你才忽然发现，自己的穿着如此滑稽。

而改写是主动之后的一个行为。你可以选择其中一些容易改变的，或者认为最重要的来修改，也可以把这些慢慢放下，放松地感受它们。总之，你开始主动了。

问题3：

为什么梳理出来一些生命脚本之后，发现自己这么糟糕？

解析：

如果在找到若干生命脚本之后，有欣喜的感觉，那是因为生命觉醒带来的自由感。但是如果因为找到了这些生命脚本之后，感到自己非常糟糕的话，那或许，在寻找生命脚本的过程中，就有一个生命脚本在说话："我应该很完美呢。"

# 第三部分
# 幸福感

从关系中收获支持和能量的时候,自然就会生出一种幸福感。

# 第十章

## 关系罗盘：
## 主动构建高能量人际关系

说到人际关系的时候，有人会把它当作一种获得资源和机会的重要渠道，还有人会把它当作需要竭力维护的可以获取成就的必备环境。这些想法都没错，但是如果只限于此，却又会犯另外一个错误，可能将关系物化了，进而忽略了关系的更大价值。

对一个富足的人来说，职业成就、事业发展，都是必不可少的思考维度，然而，如果把关系放在能量的角度来看，它又会直接影响人的状态。只有能持续从人际关系中获得幸福感的人，才可以称得上是富足的。

# 第十章
## 关系罗盘：主动构建高能量人际关系

## 一 被动的人际关系

说到人际关系的时候，我们可能首先会想到来自周围的那些比较密切的关系，比如家人或者朋友。也有可能会想到职场的人际关系，同事关系，与领导、客户之间的关系等。对有些人来说，人际关系可能还会来自陌生的连接，比如自己的读者、网友等。这些关系对我们产生着或大或小的影响，有时候，会给一个人带来一种幸福感；有时候，会给一个人带来更多的负能量。

不知道大家有没有想过，很多人经常处于这样一种状态：**在无意识之下，被动地处于一种关系之中，却很少有意识地、主动地去经营自己的关系。**如果缺乏主动经营人际关系的意识，我们只能被环境决定着，只是在纷繁复杂的人际关系中，通过简单直接的交换和让渡为自己谋得一些生存利益而已。**这样直接功利的人际关系很难让一个人感受到富足。**

比如，有人害怕处理人际关系，认为人际关系非常复杂，而且关系也不能为自己所用，于是就会形成一种独来独往的行事风格。他们不与人交往,周围缺少朋友,在做事的时候总找不到可以求助的资源。

再比如,还有人认为扩展人际关系就是混圈子,就是吃吃喝喝,就是结交酒肉朋友,除了一时开心之外,好像也并没有帮助自己获得成长和发展。有些人,挖空心思去讨好别人,总想去抱大腿,于是就会把大量的时间放在了"维护关系"上,结果就失去了自己的生活中心。

再比如,有人在伴侣关系、亲子关系这种最密切的关系中不知如何自处,总是感觉到矛盾、冲突、折腾,感受到一种焦头烂额的自顾不暇。

不管是以上哪种表现,其实都处于被动地被关系卷着走的状态,都是很难看到全局的状态,也都是一种短视的、功利化的、庸俗化的关系状态。这样的关系状态有一个特点:**不管是想要拼命挣扎,还是无奈放弃,都是从物质利益出发。所以,总还只是停留在生存层面,距离富足状态尚远**。

 对于关系的认知

对于人际关系,我们需要回到关系的原点,回到关系的本质,重新来认识关系。

**1. 每一种关系都是建立在双方连接的基础之上**

这句话的意思,大家很容易理解。说到关系,一定是两个人之间的事情。但是,请大家注意,关系是双方的,这虽然意味着两人缺一不可,但是我们需要知道的是,**关系的走向却往往是由关系中力量更强的一方所决定的**。这个更强的力量,有的时候指的是权力,比如说你和上司之间的关系。有的时候指的是角色位置,比如说你和父母之间的关系。

还有的时候,关系的走向取决于关系中的领导力,这是一种隐形的决定因素。说起来,领导力既简单,又复杂。简单地说,领导力就是那种引导关系走向,决定关系发展的力量。**领导力常常取决于主动的善意,取决于对矛盾解决的创造性,取决于对对方价值的照顾。**

同时，关系是基于双方的，这就决定了**需要通过各种价值交换来维护关系的连接**。如果把关系比喻成一条连接两个人的纽带，那这个纽带上面输送的就一定是价值。只有在关系中不断实现价值交换，这条纽带才有用，关系双方也都会期待这条纽带持续稳固，这样的关系才会保持，人与人的连接才会越来越紧密。

只是，我们不要把这种价值的交换庸俗化。我们要知道：在关系上进行交换的价值既包括物质的价值，更重要的是关于情感的价值、机会的价值、信息的价值。这些价值才是作为一个人突破了基本生存意义上的价值诉求。

有些人给自己设定的标签是"内向的人"，从而不愿与人连接，特别是不愿意维护职场中的人际关系。其实，很有可能是他们把关系庸俗化了，认为维护关系，就必须进行价值交换，而价值指的就是物质价值。如果我们开始关注其他各类价值的时候，就会自然地关注到关系另一端的那个人的内在需要，进而反过来关注自己拥有的资源。在建立连接的时候，双方都会被关系滋养。

关系作为价值输送的纽带，自然是价值交换越密切，关系就会越紧密。有人可能说，我和好朋友几十年没见，还是一见如故。确实是有这样的关系：小时候一起玩，不分彼此，非常难得，见了面非常亲切。然而，几十年不见，彼此都已经完全发生了很大变化，特别是价值观的差异，而关系的两端想要进行价值交换的时候，可能都会不明就里。所以刚开始见面的时候可能一见如故，那是因为回到了过去的角色，保持着对过去的回忆，但是在现实中继续停留下去的话，关系可能就需要重新塑造了。

我们还需要注意的是，关系之间的价值交换并非等量等值的。相反，差异性的价值交换，才会让关系更加稳定。

### 2. 你是关系之中的一个重要节点

我们每个人都有或远或近的各类关系，我们在和这些关系通过有意无意的价值交换保持着联系。如果把我们和周围人的关系放在一个更大的社会维度来看，每个人的关系就会连在一起，整个社会就是一张特别复杂且巨大无比的关系网，这张网上有很多你看得到的和看不到的连接，而我们每一个人都是这张网上的一个节点。

对于如此复杂的关系网，我们该何去何从？到底要维护哪些关系？或者要创建什么样的关系？此时，**对关系的思考，要回到个体，我们要以自己为中心去看待关系**。不管是维护现有关系，还是创建新关系，可能性、价值点的判断标准也都在自己这里。否则的话，你会陷入浩大的关系网，而不知到底该怎么做。

说到维护人际关系，有人会想到扩展人脉，会想到要结交牛人，然而，人们又总会陷入一种尴尬：为了结识牛人，花了不少心思，参加培训，参加社交，结果却总是不尽如人意。这就是因为没有从自我节点出发去发展关系。不管别人如何闪光耀眼，如果不在你的节点关系网上，如果不能通过价值交换建立连接，那也只能远观，而和你无关。以自己为中心出发，首先就不是寻找高能量，而是维护给自己带来高能量的人，我们错过的机会，比新机会要多得多。

### 3. 对于关系的维护，关注度的重心需要放在有价值的关系上

很多人不愿意处理人际关系，往往是因为没有被关系滋养，反倒因为维护关系这件事而消耗了自己很多的能量。我们不要因噎废食，不能因此放弃了对于关系的关注。反倒是**我们应该转而关注那些有价值的关系，能够滋养我们的关系，能够带来能量的关系**，这才是我们维护关系的重点。对于那些消耗能量的关系，尽量少投入。

## 三 关系罗盘的使用

有了这些认知，我们再来看看梳理和调整关系的工具：关系罗盘。这个工具的使用，是通过具体操作将认知落地，对关系做出积极调整的。

这个工具的使用一共分成三步：盘点关系、画出罗盘、调整罗盘。

### 1. 盘点关系

先画出一个四象限的平面直角坐标系，这个坐标系的两个坐标轴分别是：你与他人保持连接的频率，以及在这个关系当中对方给你带来的能量。

我们把横坐标设置为能量轴，把横坐标的原点看作能量为 0 的点，左侧是负值，意味着给你带来负能量。右侧是正值，意味着给你带来正能量。越往右，给你带来的正能量越大。

纵坐标代表的是你在维护关系的过程中，与他人连接的频率。原点代表的是一个以年为单位的基本频率,原点之上为相对高频,在这个之下为相对低频。

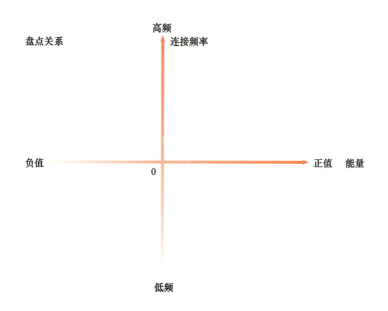

画完这个坐标系之后,就把所有你能想到的人名(对你有较大影响的人)填写在这四个象限里。

注意:在填写过程中,你或许会更改原点的数值,或许会调整人名的位置,这都很正常,按照实际情况来写就好。

填写完成之后,从这个图中,你会有很多发现:为什么总是不开心?为什么总是能量满满?为什么总有怨气?为什么总能找到解决方法?

## 2. 画出罗盘

根据前面的象限图中连接频率的高低,以自己为中心,画出三个圈:

**中心圈**是连接最密切的人,也是关系最密切的人。

**中间圈**是连接频率一般的人。

**最外圈**是连接最少的人。

**画出罗盘**

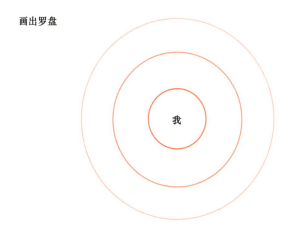

在空白标签上写上人名,贴到不同的圈里去。

对这些标签进行涂色。把给你带来正能量的人涂成红色,带来负能量的人涂成黑色。

因为使用的是贴纸,所以,方便调整位置。在摆放和涂色的过程中，你可以有更多的觉察：有什么新的发现吗？

### 3. 调整罗盘

看着这张关系罗盘图，问问自己：

如果能够让整个关系罗盘变得更理想的话，你会做些什么样的调整呢？

比如，把一些人的位置放到离中心更远一点的地方，或者把一些人放得更近。再比如，把罗盘中心周围的圈画得再大一些。或者，即便在同一个圈层里，也可以调整某个人的角度。

这张罗盘属于你，你可以做各种各样的调整。记得：一定要记录调整轨迹。调整完了之后，一定要做一个备注：**这样的调整对你来说，意味着什么？**

或许，这样的调整意味着与他人关系的疏远与紧密。或许，这样的调整意味着扩大交际圈，提高交往频率。

调整之后，可以按照不同关系可以带来的不同能量进行分类，比如，按照生活、情感、工作、智慧等分类。当然，也有些人可能不止出现在一种分类里。对于出现在不同分类圈里的人，你有什么发现？

# 第十章
## 关系罗盘：主动构建高能量人际关系

**调整罗盘**

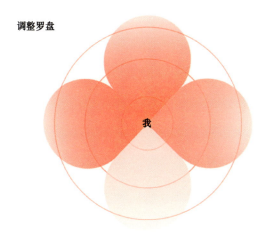

## 四　关系罗盘的调整策略

这里提供两类关系调整策略，以供参考。

### 1. 正能量策略

那些能给自己带来正能量的人，与之连接的调整策略，可以参考能量与频率的匹配原则。也就是说**能量越高的人，可以与之保持连接的频率越高**。反之，能量相对来说比较低的人，你可以与之保持较低的连接频率。持续这样做，你会让自己的关系圈里面充满着正能量。

### 2. 负能量策略

总会有些人是给你带来负能量的人，甚至这些人还会出现在你的中心圈里。那怎么办呢？**对给你带来负能量的人，有这样几个策略。**

**第一个策略，尽量躲着，少连接，少进行价值交换。**你尽量少与之有连接，那你得到的负能量就会少一些。这个躲着包括

## 第十章
### 关系罗盘：主动构建高能量人际关系

除了见面和联系之外，你还要尽量少去想那个人，因为你每想一次，就是在做着一次连接。所以，这也是在提醒我们，要减少对他人的抱怨。

**第二个策略，如果躲不了的，那就尽量减少每次连接的深度。**不要跟这些人产生太多的纠缠。所以，这也就提醒我们不要总去指责一些人，不要关注对方的错误，而是关注进程，关注事情的完结。因为你的每一次指责其实都是在跟这个人产生更加深度的连接，也一定会带给你更多的负能量。

**第三个策略，针对那些我们此生注定要有深度连接的人，这样的关系甚至都不能由我们自己自主决定，那就需要修炼。**比如说我们的父母、孩子，还包括伴侣，或者领导。这些人，可能是自己无法回避的一些课题，那真的是需要去修炼了。问问自己：**如果这些人一直带来负能量的话，那反过来，我自己需要修炼的功课是什么呢？**或许，这些人的出现对我们来说，就是一个重要的提醒。你会发现，一旦你修炼好了，这些人也就不再是烦扰你的负能量了。

## 五　练习：关系罗盘

梳理自己的人际关系，画出关系罗盘，并进行调整。

关系罗盘这个工具有一个特点：把你对关系的关注点从一个人是否有资源，对你有没有用的点上转移开，转而关注对方给你带来的能量。这是一种更为富足的关注点。

我们把自己画出来的这张关系罗盘图放起来，然后定期拿出来盘点盘点，看一看：

有什么需要调整的？我可以主动做些什么？

我还希望扩展些什么？可以怎么做？

很多的时候，我们的人生是由我们的关系所决定的。刻意努力的时候，也要刻意去维护这样的关系罗盘，这本身就是我们需要修炼的功课。

# 第十章
## 关系罗盘：主动构建高能量人际关系

【练习中常见问题解析】

问题1：

在盘点关系的过程中，如果发现，因为没有从能量这个角度考虑过，不会做怎么办？

解析：

如果在盘点过程中发现自己从未在能量的维度考量过，或许是因为你对人的敏感度一直比较低。那这样的发现就是有价值的发现：这是在提醒你需要开始关注这个方面了。如果在盘点的过程中，你发现一直忽略了一些人，或者过分关注了一些人，这也是有价值的发现：这是在提醒你需要调整关注点。如果在盘点的过程中，你发现自己不太会维护人际关系中能量的连接，这也是有价值的发现：这是在提醒你注意发展这方面的能力。

我们做练习，绝不是为了得到一个什么确定的标准答案，而是开启一种可能。

问题2：

对有些人带来的能量，不知道如何评估。比如自己的父母，多数情况他们让我感到很温暖，是正能量，但是有时候又让我产生一些烦恼，是负能量，应该把他们放在哪个位置呢？

还有单位领导，平时很少有直接对话的机会，属于正能量还是负能量呢？还有些并不是很熟悉的人，比如买东西时加了一些人的微信，似乎谈不上正能量或负能量，属于关系罗盘的一部分吗？有价值就是能量高吗？

解析：

能量是感觉到的，如果是连感觉都谈不上的人，肯定不要放进关系罗盘了。但是一些人带来的能量有正有负，这也很正常。可以有以下两种处理方式：

要么，你给每个人带来的能量分别进行正负比例的评估，按照比例进行标识。要么，按照自己的整体感觉，你认为这个人给你带来的能量是正还是负，进行标记就行了。

再回到工具的目的上来，练习这个工具的目的，不是为了得出一个结论，而是为了发现和觉察，进而提醒自己做出调整。

问题3：

在能量调整策略里，对于不愿意连接的人，尽量躲避，甚至要少一些怨恨。那对能给自己带来正能量的人，是不是通过内心感恩也就可以了，特别是对于那些性格内向，不善表达的人来说？

## 第十章
### 关系罗盘：主动构建高能量人际关系

解析：

我们要知道，维护正能量的方式和负能量不一样。对于负能量，我们希望的是消失，任何一种维系该关系的方式，都要尽量去减少和消除。所以，只要你在惦记，负能量就一定会对你产生影响。而正能量呢，是需要加强的，仅仅只是内心感恩，这很好，但是远远不够，发挥作用有限。带来正能量的人际关系，需要持续连接，持续扰动，持续交换价值，维护好关系的价值纽带作用。

# 第十一章

## 闪光卡片：
## 创造满满的仪式感

我们谈到人际关系的维护时讲到，要把更多的关注点和精力投入到那些对我们来说最重要的关系上，比如说知己、家人、师长等。但是，这些关系又该如何维护呢？除了一些日常的交往，必要的联系，或者工作上的合作，价值的交换，我们仿佛只会把日子过得平淡如水。

如果用食物来比喻的话，日常交往中寡淡无味的关系连接，就像是缺油少盐不够讲究的大锅菜。而关系之间，如果仅仅是关注合作和交换，又像是卡路里满满的快餐。作为一个富足的人，是不会满足于这些简单粗糙的食物，而多样、美味，色香味俱佳的美食，需要熟稔关系的"大厨"才可烹制。

第十一章
闪光卡片：创造满满的仪式感

 什么是仪式感

不知道你会不会有这样的发现：有些关系，自己特别看重，但实际上你对它的投入却很少。比如，对自己的孩子、父母，他们在我们心中，位置都非常重要。虽然我们并不是有意去忽略他们，甚至我们的打拼和努力，在很大程度上都是为了他们能过上美好生活。但给他们的感觉总是，连陪伴他们的时间都没有。

还有人会有这样的感觉：有时候，在一些非常看重的关系中投入了很多，但是并没有获得期待的反馈，得到的更多是委屈。比如一个全职妈妈，每天忙于家务，辛辛苦苦，但是到头来，孩子和自己的老公却并不以为意。

出现这些情况的原因是什么呢？

关系，特别是重要的关系，需要精心维护，而精心维护的本质是对方感受到的"心意"，而不是一厢情愿的"投入"。**人们总会记住那些印象深刻的事情，人们也总会去感恩那些他们所需要**

的获得。对于他们习以为常的事情，对于他们没有那么强烈感受的事情，可能就会不以为意，甚至毫不领情。

我们该怎么做，才能让投入的真情更有价值呢？在重要关系的维护上，需要在生活中创造一些仪式感。

什么才是仪式感呢？在我看来，**仪式感就是那种让我们的人生不会被轻易折叠起来的方式**。我们每天都有很多要做的事情，周而复始，到了年底的时候，回望这一年，自己人生的一段似乎就像日历一样，可以轻易地被折叠起来，并没有留下什么让我们印象深刻的事情。而仪式感，就是在这些日常的生活当中，创造出来的一些精彩时刻。

**首先，真正的仪式感并不一定需要花很多钱。**因为情感维系的核心点不在金钱，关系上有各种各样的价值交换，越是重要的关系，这种价值的交换就越不在金钱上。虽然有的时候金钱很有用，但是需要靠金钱来维系的关系，也要想一想，这是不是你想要的关系？同样，仪式感也不一定需要花很多时间。金钱和时间，都不是关系中最重要的资源。

**其次，仪式感不是一种应付，而是用心创造。**比如到了某个纪念日，有人说，纪念日怎么过呢？那就一起吃个饭吧。这样本来可以创造出仪式感的机会，就被一顿饭应付过去了。在关系之中，最重要的价值是需要创造出来的。

最后一点，既然是一种仪式感，就一定不是每天的日常，而应该是一种稀有，一种对于日常生活的稀有。

那么如何创造仪式感呢？

## 二　创造仪式感的四种时刻

我把仪式感分成四种时刻，后面提到的工具"闪光卡片"上的内容，就是描述这四种时刻的。请跟着下面的解读，一起在卡片上写下不同时刻的内容。这个过程充满温馨和创意，请大家开始去想，要给不同的人创造什么样的仪式感。

### 1. 纪念时刻

顾名思义，有一类仪式感专门是为重要的节日和纪念日准备的。纪念时刻是为了让过往的日子更有意义，于是，便可以从过去的岁月中采撷一些值得记忆的闪光点。比如新年、生日、相识纪念日、结婚纪念日、毕业典礼等。

**纪念时刻可以创造仪式感的一个重要前提是：意义感被对方看重**。受文化环境的影响，有些日子自然容易被看重，比如，新年。还有些日子的意义也是可以被创造出来的，比如，你记得和某人相识的日子，告诉对方，自己记得这一天，是因为"他"很重要。再比如，你在自己生日的时候，问候妈妈，这样，除了给自己庆生之外,生日就多了一重意义。一旦一件事变得对双方都很重要,纪念时刻本身就具有了仪式感。

纪念时刻是与人对应的,不妨看看自己的重要他人,和他们之间,有没有什么特别值得创造仪式感的纪念时刻?如果有,记下来,写下创造仪式感的方式。

创造仪式感的方式不一而足,因人而异。千万不要简单模仿别人的方式,而是要自己去创造,根据你对对方的了解程度去创造。无论简单复杂,只要一开始用心,仪式感就出现了。曾经在一次讲座中,有一个妈妈问我:"我儿子马上要过生日了,我该送给他什么生日礼物呢?"我问这个妈妈:"你知道孩子最喜欢什么吗?喜欢看什么书?喜欢吃什么?有什么愿望?最好的伙伴是谁?将来的梦想是什么?如果这些都知道了,那何愁送给孩子什么礼物呢?"

平时多做积累,想到什么就记下来。然后,在这一天之前,选一种你认为最合适的方式,创造一些仪式感,表达出来你对纪念时刻所蕴含意义的关注。

### 2. 温馨时刻

温馨,是一个关系中特别美好的状态,特别是在重要关系中,温馨可以让彼此变得更加亲密。我们可以在生活当中创造一

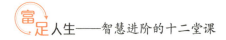

些温馨时刻，让生活充满仪式感。

生活中的温馨时刻应具备这样的特点：

在温馨时刻所做的事情一定是**你拿手的事情**。

这样的事情一定会让**对方特别喜欢**。

这样的事情是**难以替代的，稀缺的**。

这样的事情**特别容易触发回忆**。

看似有点难，但实际上，这样的温馨时刻在生活中比比皆是。比如，最常见的就是"妈妈做饭的味道""小时候的感觉"。

我说说自己的例子。我的家人都喜欢吃我蒸的馒头，这件事是我拿手的。我蒸的馒头，绝对不是市面上买的馒头能够替代的。我的两个儿子出去也会说"我最喜欢吃我爸爸蒸的馒头"。这件事也是容易触发回忆的，因为吃饭的场景每天都有。甚至我都能想到，多年之后，我的孩子们长大了，他们也会和别人说"这辈子最爱吃的馒头就是我爸爸蒸的"。关于吃，可以简单而印象深刻。小到一个油炸花生米，大到复杂的珍馐美味，都可以唤醒关系间的温馨时刻。

有人说，不会做饭，怎么办？那就做其他拿手的。比如，我给儿子们创造的另外一种温馨时刻，叫星空故事会。在孩子很小的时候，到了周末，我会带着两个儿子躺在床上，把买来的荧光贴贴在天花板上，我们一起看着那些闪亮的星星讲故事。这样的温馨时刻，欢乐无比。讲故事这件事，对孩子来说，是他们喜欢的，也是我拿手的。这种陪伴经历很难被替代，一定会被触发。我还能想到，多年之后，有一天我儿子真的在大草原上看到满天星空的时候，他会想到爸爸创造的星空故事会。

大家有没有发现，温馨时刻并不难创造，关键在于稀缺和强化。所以，我们一定要注意首因效应，也就是说，如果第一次体验是因为你而创造，那么这样的时刻会充满仪式感，就会被强化。比如，你第一次吃的西红柿炒鸡蛋是不是放糖，就决定了你以后对这道菜的评价标准。所以，创造温馨时刻要趁早。

当我们的生活当中充满了这样温馨时刻的时候，一定就会有很多的惊喜，我们的生活就会变得丰富多彩。

### 3. 关键时刻

人生当中有两类关键时刻。**第一类关键时刻是低谷时刻**。指的是人在遇到一些挫折、痛苦、悲伤的时候。此时，人们特别脆弱，一面希望有一个可以依靠的人，另外一面又会拒绝那些不懂自己的人。这是一类关键时刻。

**第二类关键时刻是光耀时刻**。在这个时刻，人们取得了成绩、成就、成果，和低谷时刻一样，虽然很多人前来祝贺，但只有懂自己的那个人才会让自己开心，才愿意和他分享。

在关键时刻创造的仪式感，有些是可以规划出来的。比如考试出结果了，项目结束了，应聘成功了，大家可以因为这些结果而创造一些仪式感，开个派对、庆祝酒会，都挺好。还有的关键时刻是临时发生的。比如一个孩子被老师批评，或者一个朋友忽然生病，这都是低谷时刻。这时候，善于维护关系的人，一定会给出安慰，给出帮助。及时到位的问候本身就是一种仪式感。

不管哪种关键时刻，在这个时候的仪式感，最关键的一点就在于"要懂"：真的懂对方现在最需要的是什么；真的懂失败或者成功意味着什么；懂这个过程中发生了什么；懂过去的目的和未来的愿景是什么。有时候，在关键时刻，我们并不需要做太多的事情，就只是在一起，就是一种重要的仪式感。因为一个人在回顾自己过往的时候，一定会想起这些关键时刻，然后就一定会想起你。

### 4．惊喜时刻

惊喜时刻的出现，本身就是一种仪式感。**惊喜时刻绝对不是规划出来的，而是一种内心深层的意愿：我想要创造惊喜感。**一定要创造这样一种状态：在让别人惊喜之前，自己会先惊喜，而且充满期待，这样才算真的惊喜。

创造惊喜感的方法有很多。比如,随时看到一些有趣好玩的小东西,立刻买来送人。再比如说,不计成本地满足对方一个夙愿。惊喜没有定法,不必专门去寻找和学习如何创造惊喜。**创造惊喜的心法,就是一个让对方开心的强烈意愿。创造惊喜的技法就是创造强烈的反差,时空反差、逻辑反差,总之,意料之外的事,就容易带来惊喜。**

平时不妨多多留意,随时创造,把一些创造惊喜的方法记下来。

## 三 练习：制作闪光卡片

代表仪式感的四种时刻，可以通过一个有趣的工具来实现：闪光卡片。

## 第十一章
### 闪光卡片：创造满满的仪式感

### 1. 准备工作

请先准备一些四种颜色的空白卡片，分别代表四种有仪式感的时间点：**纪念时刻**、**温馨时刻**、**关键时刻**、**惊喜时刻**。

再写出对自己来说最重要的几个人，对应地，给每个人找一个可以放卡片的盒子。在盒子上分别写上这几个人的名字。

如果你愿意多花些心思的话，卡片和卡片盒都可以做得更加精美些。当然，精美的外形是为了引起卡片使用者的关注，也就是你的关注。这是在提醒自己：一定要记得去做卡片上的内容。

### 2. 写出闪光卡片

根据前面介绍的四种时刻，针对不同的人分别写出不同闪光卡片的内容，然后放进不同的盒子里。注意，卡片不要多，要确保一定能做到。

写完之后，你可以把这套盒子珍藏在某个角落，经常拿出来看一看，想一想，翻一翻，做做总结，或是梳理你和这些人之间的连接是怎样的。闪光卡片是为仪式感所做的准备，每张卡片都是用心的创造。有了这套卡片，平淡的生活也会闪光。

看着这些闪光卡片，你一定会更有创意。把闪光卡片放在身边，想到了就去做。一定记得：制作闪光卡片，是为了创造仪式感，是为了让你身边最重要的关系和你保持更加稳固的连接，并且熠熠生辉。

【练习中常见问题解析】

问题1：

练习的时候，对于仪式感，是不是这四种时刻都要有？

解析：

这四种时刻，只是一种梳理和总结。在很多人的生活之中，都会出现这四种时刻，只是因为没有梳理过，就会任其发生，缺少刻意规划。于是，生活也很容易被折叠起来，我们和他人的关系，也不会有这么多的闪光出现。

按照这四种时刻的规划，我们开始有意识地在生活中创造仪式感，开始有意识地关注生活中的小创意、小惊喜，这本身就是一种重要的练习。如果一时不能想到四种时刻的仪式感，或者对自己的重要他人不能把四种时刻想全，这也没什么。但是从四种时刻出发，就像是种下了创造仪式感的种子，悄无声息中，它就会发芽。

问题2：

在设计闪光卡片的时候，如果缺乏创意怎么办？

解析：

之所以会认为自己缺乏创意，往往有两个原因，一个原因是自己有更高的期待，另一个原因是在和别人比较。

## 第十一章
闪光卡片：创造满满的仪式感

如果对自己有更高的期待，那不妨问问自己："这个更高的期待具体是指哪方面？在什么情况下，就可以实现这样的期待？"这样的问题可以给自己找到探索的路径，创意或许也会出现。

如果是因为和别人比较，总感觉别人的点子非常有创意，自己创造仪式感的方法非常老套。那不妨试着借用别人的创意，结合自己的具体情况做一些调整就好了。太阳底下没有新鲜事，这些都是微创新。同时，创造仪式感的背景，是自己的生活。我们并不是要拿闪光卡片参加比赛，而是让自己的生活更加精彩。

# 第十二章

## 梦想树：活出精彩

富足的人生，一定是为梦想而活。

不管是具体的目标还是抽象的意义，如果一件事情与自己毫无关联，那就不会让一个人产生动力。梦想能够真正产生动力，它就一定是那个属于每个人自己的方向和目标。梦想可能来自很多方面，不仅仅是职业方面的，也不仅仅是成长方面的，梦想可以让你脱离所有这些框架。对于一个富足的人来说,梦想就是人生当中最根本的需求,是一个人活着的一口真气。

在本书的最后,超越职业发展,超越自我成长和修炼,回到人生本身,我们来谈一谈如何通过一个工具去创造梦想人生。

这个工具的名字叫梦想树。使用起来非常简单,却会让我们的人生变得与众不同。

第十二章
梦想树：活出精彩

## 一 梦想的六个来源

首先我们来说一说可能产生梦想的几个来源。

**梦想的第一个来源是：目标成果**。也就是把工作中的目标或者职业中设定的成果作为梦想，这样的梦想非常常见。对于一些正值职业发展蓬勃向上时期的年轻人来说，在职业上拿到成果就是梦想，这个无可厚非。比如，升职加薪、完成项目都可以作为梦想。千万注意的是，不要一谈到梦想，就一定得是环球旅行，是兴趣爱好，如果一份职业能给人带来很强的成就感，如果一份工作能让人内心满足，那为什么不能成为梦想呢？

**梦想的第二个来源是：心中热爱**。对于有些事情，我们可能特别热爱，这样的热爱混杂着情感、天赋，或者热情。但不管是哪种热爱，只要心中有了热爱，就一定会燃烧起来，成为我们的梦想。比如，一个退休的老人凭着对艺术的热爱，学起绘画，他的梦想是开画展。比如，一个工程师热爱大自然，业余时间学习花艺，梦想是建造一个自己的花园。一般来说，如果热爱的事情是工作上的事，那这种热爱就会与目标成果合在一起。如果不是工作上的事，那就不妨把它单独作为梦想，关注它，实现它。

梦想的第三个来源是：**天赋所在**。每个人都会有一些天赋。在有天赋的地方做起来特别容易上手，也特别容易做出一些让他人所称道的成绩。如果你的天赋表现为本职工作当中的能力，那么就会以工作当中的目标成果体现；如果不是的话，那也不妨单独树立一个梦想，给天赋一个更大的舞台。

梦想的第四个来源是：**夙愿**。所谓夙愿，就是过去未曾满足的一些愿望。比如，特别想吃什么，特别想去哪里，特别想干点什么事。就像电影《遗愿清单》里面，两位得了绝症的老人一样，得知时日无多，才会写下一个一直以来都想做的事情清单。我们不要等到那个时候再去实现自己的梦想，如果有夙愿，那现在就写下来。不管是什么，与其念念不忘，不如就设定为要努力实现的梦想。

梦想的第五个来源是：**强烈好奇**。有些事情虽然还没有机会去尝试，但是听到别人说的时候就会很好奇，之后也做了不少的功课去研究它，探索它，想去尝试，想去实现。这时候，就是你在积累梦想了。那就把这件事列入梦想，开始探索尝试吧。比如当你看到别人在弹古琴的时候，特别向往，总有好奇，还会去主动了解。这时候，为什么不把学古琴作为自己的一个梦想呢？

梦想的第六个来源是：**责任担当**。有些人的梦想是基于和重要的人一起完成的,这样的梦想或许是一种角色担当,或许就是责任使然,或许只是内心的感恩。这样的梦想一旦实现,会让自己安心。但是一定要注意的是,这样的梦想实现一定是自己亲自来做,不是寄希望于别人代替自己。比如,带自己的爸爸妈妈出去旅行,就是一些人的梦想。

## 二 写出梦想清单

1. 根据梦想的六个主要来源，请针对这些维度去想一想你的梦想是什么。然后，用一张白纸，把这些梦想写出来。这就是梦想清单。

需要注意的是，六个来源只是提供了一个参考的维度，是希望给你带来一些启发，并不是说需要在每个方面都设置梦想。

梦想的最大意义，就在于实践本身，特别是不同来源的梦想带来的意义不同。千万不要指望所有写出来的梦想一步到位就是拿到大成果，获得大成就。不要期待在一件刚刚产生了好奇的事情上，就可以成为个中翘楚。完全可以把探索和体验本身设定为梦想。

2. 写完梦想之后，问一问自己：

在若干年之后，比如说一年之后、三年之后、十年之后，回顾这些已经实现的梦想，你会有什么感觉呢？

带着这个问题，一个一个重新来看这些梦想，然后问问自己：这些梦想是否需要调整？你是否可以看到有什么梦想更重要？

3. 按照你自己的标准对梦想做标记或者排序，比如，按照重要程度标记，比如，按照时间先后顺序。

## 三 练习：制作梦想树

1. 制作一张梦想树的大海报，把它贴在家里一面经常看到的墙上。我在家里用的海报尺寸是 1 米 ×1.2 米。

2. 然后把自己的那些梦想写在树叶形的便签纸上，贴在梦想树上。简单的梦想树就做成了。

3. 邀请家人一起来支持自己。

一般来说，梦想树上肯定有与跟家人相关的梦想，而且，梦想实现也一定很需要家人的支持。所以，一定要邀请家人一起来了解自己的梦想树，并且请他们支持自己。

在邀请家人支持的时候，也是一个和家人产生更多连接的机会，不妨在这个时候鼓励他们把自己的梦想也贴上去。

如果这棵梦想树上贴满了梦想，你不妨去看一看，家人的梦想之间又有什么关系呢？

和家人沟通的时候，有一点要特别注意：我们要彼此尊重和支持他人的梦想，不要否定，不要打击。

**【练习中常见问题解析】**

问题1：

如果想不到什么梦想，怎么办？

解析：

如果用梦想的六个来源进行梳理，依然无法激发自己的梦想。那么，就在工作或者兴趣爱好的某一个方面设置一个明确的目标，努力实现它，并且持续升级。只要有目标，就会遇到困难，只要努力过，就会珍惜成果。有了这样一次次的切身经历，自然就会产生梦想，对生活也会产生期待。

问题2：

如果过了一段时间，想要调整梦想，怎么办？

解析：

如果想要调整梦想，那说明一直没有忘记梦想。此时，不妨把原来的梦想和现在的想法做一个对比，看看在哪些地方要做调整，问问自己：这么调整的原因是什么？这又意味着什么？如果梦想调整了，还会带动别的目标进行调整吗？放在年度或者更长远的整体计划里，需要做出什么改变吗？把这些问题思考清楚了，调整梦想就是一次自我成长的契机。

问题 3：

如果和家人朋友分享梦想之后，被别人否定、打击了，怎么办？或者是因为担心自己被别人打击，而不敢和别人分享，怎么办？

解析：

追求梦想需要一些勇气，但是也没有必要把宝贵的时间、精力和情绪等资源用于说服别人。如果预判有些人会不支持自己，那干脆就不必和他们分享，而是找到合适的支持者来分享。这就回到了之前讲到的"支持系统"了。

另外，有些人之所以会否定和打击你，是因为他们认为自己做不到，他们不是在否定你，而是在否定那种可能性。如果你可以运用本书讲到的工具支持自己实践梦想，获得富足感，甚至实现了梦想，获得成就感，那么，他们也会从对立面转为支持你的。

## 四　梦想总结会

梦想树是展示，是提醒，也是推动。当我们实现了一些梦想，或者定期进行总结梳理的时候，不妨在梦想树旁，召集家人一起开梦想总结会。

梦想总结会本身就是一种充满仪式感的关键时刻。在梦想总结会上：

1. 可以宣布梦想实现，然后，用某种方式来庆贺。

2. 可以和大家谈一谈梦想实现的感受。

3. 讲一讲自己要感恩的人。

4. 谈一谈这个梦想的实现成就了什么。

5. 说一说接下来的新梦想。

然后拿出一个大本子，把已经实现了的梦想叶子摘下来，像积攒树叶标本一样存起来。这个本子就是你的梦想成就本，这个本子记录着你为梦想打拼的历程。

朝着梦想奔跑，去实现你的富足人生吧！

## 后记

书稿将要完成的时候,我和花社(机工社生活图书分社王淑花社长)通报了消息。她回复我:"写作神速啊。"我知道有不少人羡慕这几年我出书的速度:从《通往未来之路》到《培养有梦想的孩子》,再到《人生拐角》,每年一本书,匀速前行。

其实,哪有什么神速,这都是日积月累的成果。就拿你正在看的这本书来说,我在 2018 年的时候就提出了一个梦想奔驰的模型(详见《通往未来之路》),后来经过三四年的持续发展,我才将它从生涯教育领域迁移到了针对所有人都适用的富足人生模型。并且,去年在盉舍学院的内部学员中进行了长达一年的实践，我发现这个模型确实有效，这才开发了《富足人生》课，在课程基础上写成了这本书。

我的很多书都是这样，酝酿着，实践着，持续积累着。只是，又像大自然中不同的花信一样，每本书有着不一样盛开的花期罢了。

其实，哪有什么神速，我巴不得能再快一些，把这些年积累的经验都转化成书，转化成课，分享给需要的人。我一直记着我入行时的初心：希望帮助更多人，少走弯路，摆脱迷茫，过上热爱的生活，活成热爱的自己。所以，十几年来，我在职业发展和生涯教育之间来回奔跑，才会从最初只具备做咨询的咨询能力，发展出讲课的培训能力，再发展出写书的写作能力。好多事，我并非因为擅长而从事，而是因为需要而训练。我总觉得自己做得太慢了。

我知道，对很多人来说，读书是一种成本最低的成长方式，于是，我就总是想象着那样的一个场景：有人因为我书中的一句话而茅塞顿开，从此奔向了光明的未来。

其实，哪有什么神速，这不是我一个人的功劳，而是很多人一起努力的成果。这些看似独著的书，只是署了我一个人的名字而已。我非常清楚，每一本书中的每一个章节都是从一个个现实问题出发，经过创意总结，再经由验证，不断反馈，最终才得以

## 后 记

呈现的。那个提出困惑的客户，那个有所质疑的学员，那个依然迷茫的践行者，那个提出修改意见的编辑，那个帮我呈现图案的插画师，哪一位不是这本书的贡献者呢！

每次想到在追寻梦想的路上，有这么多人一起同行，内心就会涌起莫名的温暖。

感谢我的家人，感谢我的客户，感谢我的同事，感谢我的学员，感谢我的读者，感谢出版社的各位编辑。有你们的贡献，更多读了《富足人生》的人，也会更加富足。

恳请各位读者向我反馈你们的读书感受和实践心得。祝愿大家开启富足人生！

赵 昂

2023 年 3 月

附 录

# 昂 sir 的课程学员见证

我是一个工作了二十多年的 HR，前几年不能免俗地陷入了所谓的天花板烦恼之中，工作没意义，职场没意思，我的心似乎无处安放。直到遇见赵昂老师，仅一次课程，我梦想的小火苗就被点燃了。三年来一直跟随老师学习，我的成长肉眼可见，认知格局逐渐打开，专业技能持续提升，内心喜乐富足。最关键的是，在原以为没什么可拓展的本职工作上，创意和想法不断地闪现，而我也有动力和能力去逐一实现。由于找到了工作的价值感，我每一天都元气满满。在赵昂老师的助力之下，在距退休还有三年的时间点，我绽放了属于自己的光彩。

原来我一直以为自己所追求的价值感在远方，其实就在自己的认知里，在自己的手心里。

感谢赵昂老师的引领，我还会迎来职业生涯的第二个春天。

维卡

跟随赵昂老师学习，浸泡在盎舍学院这个环境里，从定位到富足，五十年来第一次这样梳理自己，慢慢觉醒。将学到的知识、方法和体验，融入教学工作中，从照抄作业到形成系列课程并申请课题，一切都是水到渠成。

过去的我，只想找个清静地等着退休；现在的我，不想等到夕阳西下的时候，对自己说"如果"，不为别人，只为做一个连自己都羡慕的人！

感恩遇见！感谢昂sir！感谢盎舍学院所有的伙伴们！

郑丽娜

我是一个年近40的职场二宝妈，在国企工作了8年。在遇见赵昂老师之前，似乎觉得自己的人生可能也就这样了，平淡无奇、按部就班地走过每一个阶段。随着年龄不断增长，时常还会感到焦虑不安。进入盎舍学院的这半年，我参加了咨询高手训练营和富足人生成长营，拜读了《人生拐角》。在如此优质的书籍和课程的浸泡下，我感受到人生充满了无限的可能，每个人都有实现富足人生的能力和路径，都能通过学习获得工作和事业上的成就感、自我突破带来的成长感和关系融洽滋养带来的幸福感。现在的我，不再迷茫焦虑，在盎舍学院里，有引领成长的导师，有一路同行、互相陪伴的朋友，我也走在实现自己梦想和助人的路上，相信未来一定会越来越好！

佳佳

我是一名生涯咨询师，自 7 年前进入生涯规划领域以来，一直跟随赵昂老师学习。这些年的学习对于自己的整个人生来说就是一次升级：

让我具备了敏锐的自我觉察能力，在觉察的基础上可以快速调整，做出需要的改变，这大大减少了工作和生活中的自我内耗，可以让自己排除干扰，提升效能，更聚焦目标并且能更好地实现目标。

让我不断地突破原有的自我限制，拓宽了自己的能力边界，

更勇于做新的尝试。

也让我相信生命有很多可能，梦想值得追求且可以通过实践去实现。

回首整个生命历程，这几年可以用"蜕变"二字来形容，我深信我已成为更好的自己。感恩赵昂老师，感恩盍舍学院！

向东华

5年前，我还在中层岗位上疲于奔命，在"没有功劳也有苦劳"的模式中应付各种事务。幸运的是，有缘进入盍舍学院，学习了生涯教育等一系列课程，让我重新认识了自己，让我对自己的未来重新定位。于是在各种挽留中毅然辞职，转身加入创新工作室，做了一名创客教师。现在，我已经成了全国创新比赛的裁判，成了地区创新创业的领头人。然而，比这些成绩更重要的是，现在的我干着自己热爱的事情，享受着每一天的工作与生活。我的成长与变化有赵昂老师和盍舍学院的伙伴们一路见证着。

秋凉

我是一个有着32年教龄的资深教师和教育教学研究工作者，

我不甘心按部就班走向退休，又不知如何摆脱束缚。2016年认识了赵昂老师，开始学习生涯教育，从此我内心的小火苗被点燃，对自己有了更多的"看见"。

原来，50岁并不只是意味着即将走向退休，还意味着经验丰富，资源富足，业务能力强，有品牌有口碑，有更多的人生智慧和更大的影响力，能追寻自己的愿景与使命，也能提携新人，做好传承，还能更好地平衡时间。

我看到热情是我的优势，也是我的价值和内驱力，让我有动力做成很多事，也能带动很多人一起做成事，搭建彼此支持的系统；我也看到因为过于乐观也常常忽视一些困难，这需要时刻觉察和定期复盘。我不断主动突破，获得成长的喜悦，主动积累职业内外的成果，也影响更多人。

现在的我，浑身都是力量，身心喜悦地做事，感觉我的人生才刚刚开始。

许庆凡

我是一名大学教授，2005年开始从事大学生生涯教育，曾作为教育厅特聘的专家，参与大学生生涯规划教学大纲的制定、教材的编写和高校教师的培训。

2016年前后我遇到了生涯教育上的发展瓶颈：在新的形势下，高校生涯教育到底该如何做才能既衔接好中学生的生涯教育，又满足大学生生涯发展和就业的需求？生涯教育的关注点在哪里？途径和方法有哪些？我也曾参加了一些相关培训，但大都围绕着原有的教育框架和思路进行，没有解决我的问题。

2018年，带着打开新视野的期待来到了赵昂老师的课堂，他提出的"生涯教育就是梦想教育"以及关于梦想教育体系的构建，让我醍醐灌顶，找到了生涯教育的真谛和取得教育实效的教学方法——沉浸式体验，让学生参与其中，共创课堂。

自此，我开始大刀阔斧地积极探索，取得了一系列成果。编制的教学案例入选中国专业学位教学案例中心，实现学院案例入库零突破，出版了畅销书《新高考选科实用指南》《中学地理教师专业成长案例》，与赵昂老师合作出版了《通往未来之路》。2021年，在我的指导下，我校获得首届全国高校教师教学创新大赛·就业指导课程教学赛道金奖……这一切成绩的取得，得益于这些年跟随赵昂老师的学习、讨论和思维碰撞。

59岁的我，面对未来，信心满满，生命富足，从容淡定。

任国荣

作为一名拥有十几年经验的咨询师，我曾一度怀疑自己是否真的适合从事这项工作,尽管自己一直在学习实践,但还是会间歇性迷茫!

这样的状态迫使我不断折腾,特别是自 2016 年我开始接触生涯,去过中国台湾,也找过国外的督导学习,试图找寻一条我真正可以持续走下去的路……

直到 2018 年,有幸结识赵昂老师,才让我因持续跟随学习收获了真正的改变。每每回看自己的这段改变之路,都让我由衷感恩和庆幸。如今的我,终于安心回归自己的位置,踏实做好一名可以持续为学生和家长提供价值的咨询师,并努力地创造更多独特价值。

之所以发生本质的变化,归根结底在于遇到了合适的同频系统,在老师的引领下,我们共同学习,携手成长,从而完善了自我认同,并实现了全然接纳。而一旦拥有了这样的自我认同和接纳,便生发出更大的力量,可以从容面对各种挑战,灵活应对生活无常,坚定幸福地走在自己选择的梦想之路上!

小辛

2019 年年初,作为生涯小白的我第一次走进洞见生涯游戏,用一天体验了一生。当走过青葱岁月、燃情岁月、峥嵘岁月和退休时光后,游戏带来的巨大收获令我内心很受震撼。人到四十,首次清晰看懂社会发展的底层逻辑,明白个体意识和系统繁荣的重要性。从那时开始,赵昂老师成为我的生涯观启蒙老师,我开始参加他的课程,拜读他的著作,还参加了定位、咨询高手、富足人生等训练营和成长营,并把老师的"人生发展策略"等内容带给员工和亲友。现在我身边已有不少人知道春生、夏长、秋收、冬藏四阶段发展策略。无论是作为一名企业高管,还是一个小学童的妈妈,我在盎舍学院都能找到同频的伙伴,成为彼此的支持系统和监督系统,共同成长。感恩自带智慧宝藏的赵昂老师出现在我的生命里,教我如何主动创造人生拐角和实现富足人生。

洪小加

我是一个有着 25 年教龄的教师,岁岁年年,重复着同样的工作;日日月月,两点一线,重复着同样的路线。总感觉生活圈子很狭隘,工作环境很逼仄。学生、孩子和家庭组成生活的全部;累,但毫无情致和趣味可言。想干点什么,找不到方向;躺平等退休,又不心甘情愿。迷茫,困惑。

2022 年春节,赵昂老师的《培养有梦想的孩子》帮我打开了盎舍学院的大门,随后参加盎舍学院的系列学习,让我发现了自己的优势,也找到了自己前行的方向。作为一线教师,传播生涯教育，运用生涯智慧，帮孩子们做好生涯规划，是我的责任，也是我一生努力的方向。确定了目标，过好了当下，我在教学上更顺畅，在生活中更舒畅！

葛倩昀

我是一名青春期孩子的妈妈，也是一位外企的人力资源总监。一直以来，我以为自己事业上的成功是最重要的，自我要求很高，追求完美。直到有一天，我身体透支，被送进了医院的急诊，而孩子青春期遇到了严重问题，厌学，休学，我遭受了生活上的暴击。

在我最困难的时候，赵昂老师的书，赵昂老师的社群，给了我方向和非常重要的支持。赵昂老师的《通往未来之路》这本书中提到的"奔驰模型"，让我意识到人这辈子不仅有工作，还有生活和自我成长。我在盎舍学院得到了滋养，发现了生活的美，让自己变得有趣，去和人联结。同时学着转换视角，看见每个人的优势，意识到教育的多元化，看到孩子的独特性。

当我不再追求所谓的"完美"时，整个人开始变得平和，可以看到更多的维度，孩子因为得到了我的支持，也慢慢好转，回到学校，恢复了自信，重新有了笑容。同时我也意识到自我的过高要求，是种不安全感，我需要更多的支持，"关系"是我生命中很重要的内容。盖舍学院的"关系花园奖",给我很多启发,支持我生命中的每一次突破。

感谢在我的一生中能遇到赵昂老师和盖舍学院,虽然我的自我成长在四十多岁才开始,但是只要开始,永远都不晚。

阎艳军

自2010年创业至今,十几年来不停地折腾,不断地寻找适合自己的路。2014年从事青少年营地教育以来,渐渐找到了自己的人生方向,但性格使然,有时还是会经不住"诱惑",每天让自己处于忙忙碌碌中……2022年拜读了《通往未来之路》《培养有梦想的孩子》《人生拐角》,认识了赵昂老师,加入了盖舍学院,通过"富足人生成长营"让我对自己有了更清晰的认知,学会放下并试着做减法,也对未来的人生更加笃定,相信一定能遇见更好的自己!

张琪

7年前,我还是一名外企的咨询顾问,苦恼于发展空间有限,急匆匆地期待能华丽转身,成为一名生涯咨询师。很幸运,在2016年,比较早的生涯学习旅途中就遇到赵昂老师。从此之后一直跟随昂 Sir 学习各类线上线下课程，从咨询师专业课到生涯教育，再到职业认知提升等课程。在盘舍学院的学习让我浮躁的心慢慢沉静下来，重新确定了自己的定位，认知格局逐渐打开，也慢慢发现人生的更多可能。现在我还在同一家公司，但已成功转型成为产品经理。我会把咨询技术应用于日常的沟通中，让我与客户、各部门同事的合作更加顺畅、愉快。我还成为公司本地 CSR 企业社会责任大使，把我助人的心愿融入公司内部组织的环保和教育相关的活动之中。2023 年 2 月，我实现了自己到南极旅行的梦想。感恩遇见，感谢引领，让我成为我更爱的自己。

冯天雨

我是一名自由培训师，看似自由的我经历了很长一段不自由的过程。大学毕业之后，在 7 个行业内反复尝试了很多。2017 年开始了自由职业。迷茫，不自信，也有过多次的停滞不前。

在 2019 年洞见生涯游戏引导师的认证课上，被赵昂老师的一句"你在害怕什么"醍醐灌顶。在大多时候，遇到问题无法解决的原因大多出自于自身：我害怕冲突！

我在洞见生涯引导师这条道路上持续走着，完成了一次又一次的突破，从和赵昂老师合作站在讲台上的不自信到自如地掌控时间展开互动，结合经验总结并整理出一套引导师进阶课程，再到现在可以独当一面开展公开课,这一次次的突破让自己飞速成长着。

在盎舍学院,我定下了自己第一个人生成就性目标,在这里打开了我对生涯的全新视角,让我对未来的人生充满着期待与向往。

感谢昂 sir,感谢一起陪伴成长的伙伴!期待着自己继续突破,继续成为我爱的自己,未来可期!

鹏飞

# 参考文献

[1] HEIDI G H. 如何达成目标 [M]. 王正林,译. 北京:机械工业出版社,2019.

[2] BEN R. 目标:用愿景倒逼行动的精英思考法 [M]. 陈重亨,译. 成都:四川文艺出版社,2021.

[3] BRIAN M. 目标的力量:从目标看格局,让境界定结局 [M]. 杨献军,译. 成都:四川文艺出版社,2021.

[4] 陈默. 超级行动力 [M]. 西安:太白文艺出版社,2020.

[5] 厄廷根. 反惰性:如何成为具有超强行动力的人 [M]. 南京:江苏凤凰文艺出版社,2020.

[6] 伊藤羊一. 零秒行动力:立刻行动的精进指南 [M]. 陆旭林,译. 北京:机械工业出版社,2021.

[7] 梅多斯. 系统之美 [M]. 邱昭良,译. 杭州:浙江人民出版社,2012.

[8] DENNIS S. 系统思考 [M]. 邱昭良,刘昕,译. 北京:机械工业出版社,2014.

[9] 邱昭良. 如何系统思考 [M]. 北京：机械工业出版社，2021.

[10] 邱昭良. 复盘＋：把经验转化为能力 [M]. 3 版. 北京：机械工业出版社，2018.

[11] 郑强. 复盘思维：用经验提升能力的有效方法 [M]. 北京：人民邮电出版社，2019.

[12] 王建和，宋晓亮. 复盘工作法 [M]. 北京：中信出版社，2022.

[13] 陈中. 复盘：对过去的事情做思维演练（实践版）[M]. 北京：机械工业出版社，2021.

[14] 郑强. 复盘高手：自我认知与自我精进的底层逻辑 [M]. 北京：人民邮电出版社，2022.

[15] RYAN M N，ROBERT E M. 品格优势：六大维度解析品格的奥秘 [M]. 赵昱鲲，译. 北京：电子工业出版社，2022.

[16] GREG O. 本能优势：好奇心与创造力如何成为你的超级力量 [M]. 尹楠，译. 长沙：湖南文艺出版社，2022.

[17] 马库斯. 现在，发现你的职业优势 [M]. 苏鸿雁，谢京秀，译. 北京：中国青年出版社，2016.

[18] 查尔斯. 习惯的力量：为什么我们会这样生活，那样工作 [M]. 吴奕俊，陈丽丽，曹烨，译. 北京：中信出版社，2017.

[19] JAMES C. 掌控习惯 [M]. 迩东晨，译. 北京：北京联合出版有限公司，2019.

[20] 凯利. 自控力 [M]. 王岑卉，译. 北京：北京联合出版有限公司，2021.

[21] 马丁. 活出最乐观的自己 [M]. 洪兰，译. 杭州：浙江教育出版社，2021.

[22] 马丁. 真实的幸福 [M]. 洪兰，译. 杭州：浙江教育出版社，2020.

[23] 马丁. 认识自己，接纳自己 [M]. 任俊，译. 杭州：浙江教育出版社，2020.

[24] 吉姆，托尼. 精力管理 [M]. 高向文，译. 北京：中国青年出版社，2022.

[25] RICHARD M. 精力管理：50 种激发精力和轻松工作的方法 [M]. 何怀

瑾，译. 北京：电子工业出版社，2021.

[26] AMY C. 高能量姿势 [M]. 陈小红，译. 北京：中信出版社，2019.

[27] 万维钢. 学习究竟是什么 [M]. 北京：新星出版社，2020.

[28] 乔希. 学习之道 [M]. 苏鸿雁，谢京秀，译. 北京：中国青年出版社，2017.

[29] BARBARA O. 学习之道 [M]. 教育无边界字幕组，译. 北京：机械工业出版社，2022.

[30] SCOTT H Y. 超级学习者 [M]. 姚育红，译. 北京：机械工业出版社，2022.

[31] ERIC B. 人生脚本：改写命运、走向治愈的人际沟通分析 [M]. 周司丽，译. 北京：中国轻工业出版社，2021.

[32] GITTA J. 0 次与 10000 次：如何创造全新的人生脚本 [M]. 蔡清雨，译. 北京：人民邮电出版社，2021.

[33] 罗伯特. 关系：适度依赖让我们走得更近 [M]. 欧阳敏，石孟磊，译. 北京：化学工业出版社，2021.

[34] 李维. 弱关系的力量：让不熟悉的人帮你成事 [M]. 北京：水利水电出版社，2020.

[35] 泰勒. 幸福的要素 [M]. 倪子君，译. 北京：中信出版社，2022.

[36] 泰勒. 幸福的方法 [M]. 汪冰，刘骏杰，倪子君，译. 北京：中信出版社，2022.

[37] 泰勒. 幸福超越完美 [M]. 倪子君，刘骏杰，译. 北京：中信出版社，2022.

[38] 阿曼达. 我的人生意义手册 [M]. 张畅，译. 北京：中信出版社，2020.

[39] 罗宾逊，阿罗尼卡. 发现天赋的 15 个训练方法 [M]. 李慧中，译. 杭州：浙江人民出版社，2017.

[40] 赵昂，任国荣. 通往未来之路：培养有梦想的孩子 [M]. 北京：机械工业出版社，2020.

[41] 赵昂，于翠霞. 播下梦想的种子 [M]. 北京：机械工业出版社，2018.